# ZEITSCHRIFT FÜR ANGEWANDTE GEOLOGIE

HERAUSGEGEBEN VON

DER STAATLICHEN GEOLOGISCHEN KOMMISSION

UND DER ZENTRALEN VORRATSKOMMISSION

DER DEUTSCHEN DEMOKRATISCHEN REPUBLIK

AUS DEM INHALT



AKADEMIE-VERLAG · BERLIN

BAND 4 / HEFT 11
NOVEMBER 1958
SEITE 497—544

# INHALT



Die ZEITSCHRIFT FÜR ANGEWANDTE GEOLOGIE berichtet ständig ausführlich über folgende Arbeitsgebiete: Geologische Grundlagenforschung und Lagerstättenforschung / Methodik der geologischen Erkundung / Ökonomie und Planung der geologischen Erkundung / Technik der geologischen Erkundung / Geologie und Lagerstättenkunde im Ausland / Bibliographie, Verordnungen, Richtlinien, Konferenzen, Personalnachrichten



Die ZEITSCHRIFT FÜR ANGEWANDTE GEOLOGIE ist kein Organ einer engen Fachgruppe. Auf ihren Seiten können alle strittigen Fragen der praktischen Geologie behandelt werden. Die Autoren übernehmen für ihre Aufsätze die übliche Verantwortung.


Herausgeber: Staatliche Geologische Kommission und Zentrale Vorratskommission für mineralische Rohstoffe der Deutschen Demokratischen Republik. Chefredakteur: Prof. Dr. Erich Lange, Berlin. Redaktion: Berlin N 4, Invalidenstraße 44. Verlag: Akademie-Verlag GmbH, Berlin W 8, Mohrenstraße 39 (Fernsprecher 200386, Postscheckkonto: Berlin 35021). Bestell- und Verlagsnummer des Heftes: 1047/4/11. Die „Zeitschrift für angewandte Geologie" erscheint monatlich. Bezugspreis 2,– DM je Heft. — Satz und Druck: Druckhaus „Maxim Gorki", Altenburg. Veröffentlicht unter der Lizenznummer ZLN 5008 des Ministeriums für Kultur, Hauptverwaltung Verlagswesen. Karten: MdI. der DDR Nr. 4351, 4385 / K 11. Printed in Germany.

ZEITSCHRIFT FÜR ANGEWANDTE GEOLOGIE

CHEFREDAKTEUR: PROF. DR. E. LANGE

BAND 4 · NOVEMBER 1958 · HEFT 11

# Die Diamanten Sibiriens

Autorenkollektiv

(Fortsetzung aus H. 10/1958, S. 450ff.)

**Geologischer Überblick über den Rayon Daaldynsk**

Der Diamantbezirk Daaldynsk liegt im Becken des Flusses Daaldyn, eines linken Nebenflusses der Marcha, auf dem Territorium des Verwaltungsrayons Olenek der Jakutischen ASSR.

In physisch-geographischer Beziehung liegt der Rayon im mittelsibirischen Bergland. Er grenzt im Norden an das Gebiet der Wiljui-Olenek-Wasserscheide. Charakteristisch ist das flachwellige Relief mit den zahlreichen kleinen Abstufungen an den Abhängen der Sopkas; diese Abstufungen werden durch die lithologischen Verhältnisse der Gesteine bedingt, die das Becken des Flusses Daaldyn bilden. Nur im westlichen Teil des Rayons, in den Becken der Flüsse Sytykan und Ally-Urech, sind flache, aus Trapps bestehende Zeugenberge zu beobachten.

Strukturell liegt der Rayon Daaldynsk an der Nordostgrenze der Tunguska-Synklise. Er grenzt im Norden an die Südflanke des Anabar-Massivs und ist an die Wiljui-Tunguska-Bruchzone gebunden.

Der geologische Aufbau des Diamantbezirks Daaldynsk ist verhältnismäßig einfach (s. Abb. 6). Die größte Verbreitung besitzen unterpaläozoische karbonatische Gesteine, die im wesentlichen die ganze Fläche des Rayons einnehmen. An verschiedenen Stellen werden diese Schichten von Schichtintrusionen und Trappdykes, ferner auch von Kimberlitdurchschlagsröhren durchbrochen.

Die *Serie der bituminösen Kalksteine* besteht aus braunen und dunkelgrauen dick- und dünnschichtigen Gesteinen mit mehreren Kalksteinkonglomerathorizonten. Im unteren Teil der Serie ist Trilobitenfauna vorhanden. Im mittleren Teil der Serie tritt ein origineller Horizont von klumpigen grünlichbraunen tonigen Kalksteinen (Mergeln) auf. Etwas tiefer im Profil liegen fleckige dunkelbraune Kalksteine mit reicher Trilobitenfauna. Die sichtbare Mächtigkeit der Schichten beträgt etwa 40 m.

Die *Kalksteinserie* liegt konkordant auf den erwähnten Gesteinen und besitzt die größte Verbreitung. In ihrem

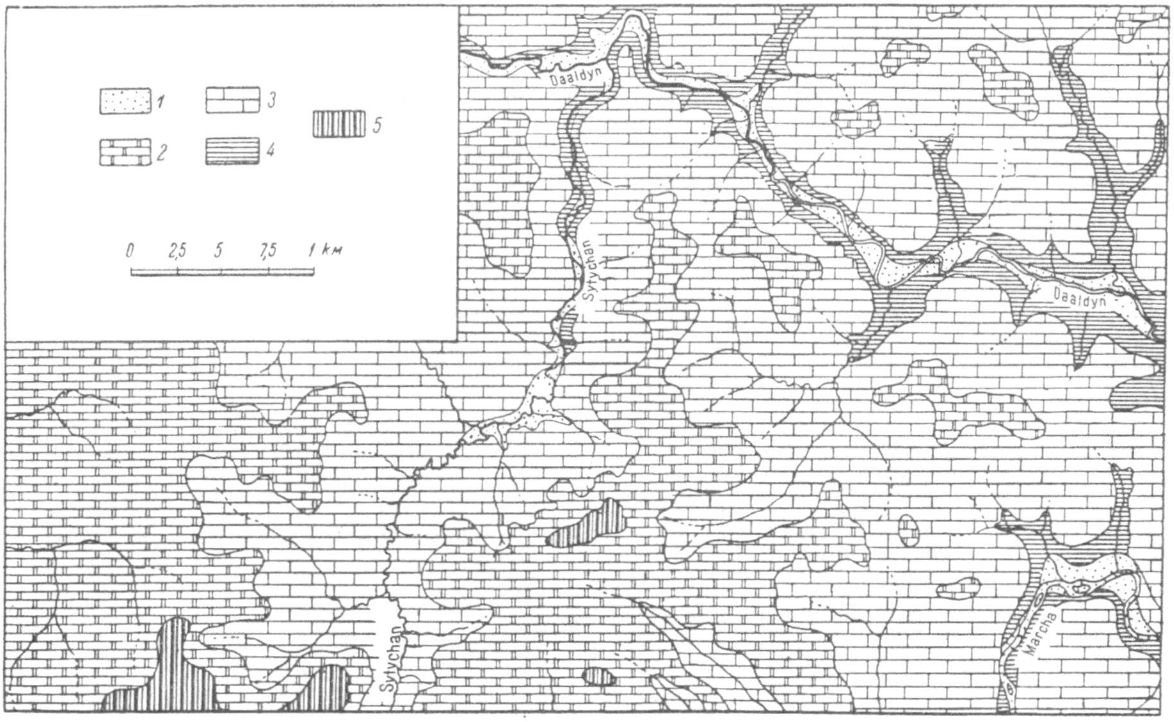


Abb. 6. Geologische Karte des Diamantbezirks von Daaldynsk. Zusammengestellt von M. N. WASSILJEWA, F. F. ILJIN, W. N. SCHTSCHUKIN u. a.

1 – Quartär; 2 – kalkig-dolomitische Folge; 3 – Kalksteinfolge; 4 – Folge der bituminösen Kalke; 5 – Schichtintrusionen der Trapps

unteren Teil wechsellagern gelbliche und graue Kalksteine, sandige Kalksteine, Konglomerate und oolithische Kalke. Dieses Schichtpaket wird häufig faziell durch einen buntfarbigen Horizont ersetzt, der aus feinkörnigen rotbraunen tonigen Kalksteinen, grauen Kalksteinen, Argilliten und Konglomeraten besteht.

Höher im Profil liegen feinkörnige weiße und gelbliche poröse Kalksteine, die auf der Oberfläche der Abhänge charakteristische Scholleneinbrüche vom Typ der „Mogilniki" bilden. Oben gehen sie in gefleckte Kalksteine über, die mit grobgeschichteten Kalksteinen und hellen dolomitisierten Algenkalken wechsellagern. Noch höher liegen zwei Horizonte gefleckter Kalke, von denen der untere eine reiche Trilobitenfauna enthält. Die Gesamtmächtigkeit der Kalksteinserie beträgt 150—160 m.

Im oberen Teil des Profils der unterpaläozoischen Schichten dominieren feinkörnige dichte Dolomite, grünliche tonige Dolomite, feinkörnige gelbliche Kalke und oolithische dolomitische Kalke. Diese Gesteine bilden geringmächtige Schichten, die miteinander wechsellagern und Zwischenlagen von Konglomeraten aus der Formation und Algendolomiten enthalten. Alle diese Gesteine werden in der *Dolomit-Kalkstein-Serie* zusammengefaßt. Die Mächtigkeit der Serie bewegt sich zwischen 30 und 110 m.

Die unterpaläozoischen Ablagerungen sind ihrem Charakter nach typische litoral-marine, z. T. lagunäre Sedimente, die in einem Seichtwasserbecken zum Absatz gelangten, welches differenzierten Schwingungsbewegungen ausgesetzt war; diese Bewegungen führten hier zu unbedeutenden Mächtigkeiten der einzelnen Schichten, zu örtlichen Sedimentationslücken und fazieller Veränderlichkeit der Gesteine.

Die Gesteine des Trappkomplexes bestehen aus mittelkörnigen, feinkörnigen und aphanitischen Olivindiabasen. Am verbreitetsten sind sie im südwestlichen und westlichen Teil des Rayons, außerhalb dieses Rayons nehmen sie ein großes Areal im Becken des Flusses Sytykan und am Oberlauf des Flusses Marcha ein. Nach den Lagerungsverhältnissen herrschen Schichtintrusionen vor; Dykes sind von untergeordneter Bedeutung.

Die Schichtintrusionen bilden drei Stufen: auf der Höhenmarke von 360 m besitzen sie eine Mächtigkeit von 10 m, auf den Höhenmarken 380—490 m beträgt die Mächtigkeit 120 m und auf den Höhenmarken 550 bis 650 m beträgt sie 80—100 m. Die Trappdykes besitzen gewöhnlich eine unbedeutende Mächtigkeit; sie sind wegen der schlechten Aufschlußverhältnisse in diesem Gebiet schwer zu fixieren.

In Analogie mit anderen Rayons der Sibirischen Tafel werden die Trappintrusionen in die Permotrias gestellt. Es ist jedoch zu bemerken, daß sich das Verbreitungsgebiet der Kimberlitröhren außerhalb des Streifens der maximalen Verbreitung der Trapps befindet.

Die unterpaläozoischen Karbonatschichten liegen gewöhnlich nahezu horizontal, mit geringer Neigung nach Südosten, zum zentralen Teil der Tunguska-Syneklise hin.

Eine eingehende Untersuchung der Tektonik zeigt, daß die gesamte untere Serie der bituminösen Kalksteine und der untere Teil der Kalksteinserie in kleine Brachyfalten mit einer Breite von 2—3 bis 150—200 m gelegt wurden. Die Neigung der Flanken bewegt sich zwischen 2—5° bis 80°. Die Faltenachsen verlaufen gewöhnlich in nordwestlicher und nordnordwestlicher, seltener in nordöstlicher Richtung. Im oberen Teil der Dolomit-Kalkstein-Serie sind größere und flachere Falten zu verzeichnen, die bedingen, daß die Leithorizonte auf verschiedenen hypsometrischen Niveaus ausstreichen.

Im Rayon tritt eine Reihe großer tektonischer Spalten auf, im wesentlichen mit nordwestlicher Richtung. Mit diesen Spalten stehen einige Kimberlitpipes in Zusammenhang („Kroschka", „Leningradskaja", „Geofisitscheskaja" u. a.).

In verschiedenen Punkten sind auf den Wasserscheiden in den ordovizischen Gesteinen kleine Spalten nordöstlicher und nordwestlicher Richtung zu verzeichnen, die offensichtlich mit junger Tektonik zusammenhängen.

#### Geologie der Kimberlitpipes

Die diamantführenden Kimberlite bilden röhrenförmige Körper (Durchschlagsröhren), welche die unterpaläozoischen Karbonatserien durchbrechen. Diese Gesteine wurden im Jahre 1954 nur an einem Punkte gefunden (Durchschlagsröhre „Sarniza").

Im Sommer 1955 wurden von den Trupps Nr. 167 und 204 der Amakinsker Expedition, ferner von Mitarbeitern der Östlichen Geophysikalischen Expedition Kimberlite im Rayon Daaldynsk an vielen Punkten und auf einem bedeutenden Territorium aufgefunden.

Strukturell sind die nachgewiesenen Kimberlitfelder wahrscheinlich an Tiefenbrüche gebunden, welche die große nordwestliche Marcha-Zone begleiten, in der große Störungen auftreten und in der magmatische Tätigkeit zu verzeichnen war. Diese Zone wird am rechten Ufer des Flusses Daaldyn in der ordovizischen Serie, innerhalb der in diesem Rayon nachgewiesenen Kimberlitkörper, durch eine Serie kleiner Brüche begrenzt. Die Brüche werden bei der Auswertung der Luftaufnahmen und bei der Durchführung von Kartierungsarbeiten und magnetischen Vermessungen lokalisiert.

Im Rayon Daaldynsk wurden insgesamt 22 Kimberlitpipes aufgefunden. Davon wurden 7 durch die magnetische Aufnahme nachgewiesene Durchschlagsröhren noch nicht bergmännisch aufgeschlossen.

Die Untersuchung der Kimberlitpipes erfolgte im Maße ihrer Auffindung bei den Geländearbeiten, daher ist der Grad der Erforschtheit dieser Pipes unterschiedlich. Zum gegenwärtigen Zeitpunkt ist die Kimberlitröhre „Sarniza", die bergmännisch auf eine Tiefe von 10—12 m aufgeschlossen wurde, am eingehendsten untersucht. Gewisse Unterlagen wurden über die Pipes „Udatschnaja", „Leningradskaja", „Molodjoshnaja", „Dolgoshdannaja" und „Dalnjaja" gesammelt. Sie sind durch ein Netz von Schürfen und Gräben bis zu einer Tiefe von 2,5—3 m aufgeschlossen. Die Pipes „Poljarnaja", „Maljutka", „Sossednjaja", „Ossenjaja", „Sytykanskaja", „Sagadotschnaja" und „Newidimka" sind dagegen sehr wenig erforscht und durch einzelne Schürfe nur bis zu einer Tiefe von 1—2 m untersucht.

Die erwähnten Kimberlitpipes sind über eine bedeutende Fläche (in der Größenordnung von $25 \times 60$ km$^2$) mit den beschriebenen Umrissen der Kimberlitfelder verstreut.

Die Kimberlitpipes besitzen verschiedene Abmessungen. Ihre Durchmesser bewegen sich zwischen 40 bis 50 m (Durchschlagsröhre „Maljutka") und 600 m (Durchschlagsröhre „Sarniza"). Die Pipes besitzen gewöhnlich gerundete oder etwas längliche Form, oft auch recht eigenartige Umrisse.

Die gegenwärtig bekannten Pipes liegen auf den Wasserscheiden, den Hängen und in den Flußbetten selbst. In ihrem rezenten Relief heben sie sich fast gar nicht hervor. Bei der gegenwärtigen Methodik zur Deutung der Luftbilder ist es nicht möglich, die Pipes aufzufinden, und ihre Umrisse zeichnen sich nur in wenigen Fällen ab. Beim Aufsuchen der Kimberlitröhren haben sich die geophysikalischen Arbeiten, die 1955 im Diamantenbezirk von Daaldynsk durchgeführt wurden, vollständig bewährt.

Im folgenden geben wir eine kurze Beschreibung der Diamantpipes in diesem Rayon.

Durchschlagsröhre „Sarniza" („Wetterleuchten")

„Sarniza" ist die erste Durchschlagsröhre, die im August 1954 im Rayon Daaldynsk bei der Durchführung der Schlichaufnahme auf Pyrope entdeckt wurde. Sie liegt auf einer flachen Oberfläche der Wasserscheide von zwei kleinen Bächen, die in den Fluß Daaldyn einmünden.

Die Abmessungen der Durchschlagsröhre betragen 573×532 m. Die Form des Kimberlitkörpers im Grundriß nähert sich der isometrischen. Im Relief kommt die Durchschlagsröhre überhaupt nicht zum Vorschein, sie wiederholt das konvexe Querprofil der Wasserscheide.

Infolge des rauhen Klimas sind die oberflächlichen Veränderungen der Kimberlite sehr unbedeutend, und hier sind die charakteristischen Verwitterungszonen vom Typ des „yellow ground" und des „blue ground" nicht zu beobachten.

Der wichtigste Erosionsfaktor ist die Frostverwitterung (physikalisch); sie befördert die Desintegration des festen Gesteinsmaterials der Durchschlagsröhre. Die Eluvialzone ist 4–5 m mächtig, darunter liegt der feste monolithische Kimberlit.

Im Eluvium sind mehrere Horizonte zu unterscheiden. Unmittelbar unter der Boden- und Moosdecke (mit schlammig-grusigem eluvialem Kimberlitmaterial) liegt eine obere schlammig-grusige Schicht mit einer Mächtigkeit von 0,5 m. Sie wird durch Grus- und Schotterbildungen abgelöst, die bis zu 1 m mächtig werden. Darunter folgt ein aus kleinen Geröllen bestehender Horizont, darunter grobgerölliges Eluvium, in dem die einzelnen Gerölle eine Größe bis zu 0,5 m erreichen. Dann folgt der allmähliche Übergang in den monolithischen Kimberlit. Das eluviale Material ist durch Eis fest zementiert.

Der Kimberlit der Durchschlagsröhre „Sarniza" ist ein ziemlich festes, grünliches oder bläulichgraues karbonatisiertes Gestein. Es kommen zahlreiche fremde Einschlüsse verschiedener Form und Abmessungen vor, die stellenweise über 50% des Gesteinsvolumens ausmachen, so daß der Kimberlit an eine vulkanische Tuffbrekzie erinnert.

Nach seinem Äußeren kann man den Kimberlit in 5 Varietäten untergliedern.

Die erste, vorherrschende Varietät ist der am stärksten veränderte, sehr helle, grünlich-graue, schwach eisenschüssige Kimberlit, in dem fremde Trümmer nicht über 50% auftreten.

Die zweite Varietät ist der sehr feste, „geflossene" Kimberlit mit einer großen Anzahl gelblichgrüner Körner (Pseudomorphosen von Serpentin nach Olivin), einer großen Anzahl von Ilmenit- und Pyropkörnern sowie Glimmerblättchen. Der Kimberlit besitzt grünlichgraue Farbe, das klastische Material macht etwa 60% aus.

Die dritte Varietät ist ein fester, grobbrekziöser, im frischen Bruch dunkelgrauer, relativ schwach karbonatisierter Kimberlit; der Anteil der Trümmer beträgt 60–70%.

Die vierte Varietät ist ein sehr fester, „geflossener" bläulichgrüner Kimberlit mit wenig Trümmern (bis 30%) anderer Gesteine.

Die fünfte Varietät ist ein fester feinklastischer Kimberlit, der von Eisenoxyden durchzogen wird. Die Farbe des Kimberlit ist gelblichbraun.

Die Hauptmasse der Durchschlagsröhre füllen die erste und zweite Varietät aus; es gelang bisher nicht, Gesetzmäßigkeiten in ihrer Verknüpfung festzustellen. Die dritte Varietät ist an die randlichen Teile der Durchschlagsröhre gebunden; sie umgrenzt sie halbringförmig von Norden, Nordosten und Südosten. Die vierte Varietät bildet einen lokalen Bereich am Ostrand der Durchschlagsröhre. Die fünfte Varietät wurde nur im Schurf 15 in einer Tiefe von 6–10 m angetroffen. Der Kimberlit dieser fünften Varietät bildet einen gangförmigen, 30 cm mächtigen Körper, der den festen grünlichblauen Kimberlit der vierten Varietät durchörtert. Dieser Gang streicht 50–60° Nordost-Südwest und fällt mit 80° nach Südost ein.

In dem die Durchschlagsröhre ausfüllenden Kimberlitkörper ist eine grobe Klüftung zu beobachten, die das monolithische Gestein in große eckige Blöcke trennt. Innerhalb der regellos im Kimberlit angeordneten Klüfte sind zwei Systeme zu beobachten. Das erste System besitzt Einfallen nach Nordwesten (320–328°), der Einfallswinkel beträgt 70–74°; das zweite System ist schwächer ausgeprägt als das erste; Einfallen nach Nordosten (70°) unter einem Winkel von 50°.

Längs der Ablösungsklüfte sind gut ausgeprägte Gleitspiegel zu beobachten, welche von einer Reibungsbrekzie und der Zerschieferung der Gesteine begleitet werden. Am häufigsten sind die Gleitspiegel in den in Kontaktnähe gelegenen Zonen der Durchschlagsröhre zu beobachten; sie kommen sowohl im Kimberlit als auch in den karbonatischen Nebengesteinen vor. Häufig tritt auch eine originelle kugelige Ablösung auf; sie ist einzelnen Kimberlitvarietäten eigen. Der Durchmesser der kugelartigen Gebilde erreicht 1–1,5 m, beim Schlag zerfallen sie leicht in große Stücke mit sphärischer Spaltfläche.

Für den Kimberlit ist Mikroklüftung charakteristisch, wodurch das Gestein beim Auftauen leicht in kleine Stücke zerfällt.

Die Beobachtungen zeigten, daß mit den innerhalb der Durchschlagsröhre erfolgten Blockbewegungen, die durch die Gleitspiegel fixiert werden, offensichtlich auch die Hauptklüftung zusammenhängt, in der die hydrothermalen Lösungen gut aufsteigen konnten. Wahrscheinlich hängt mit diesen Lösungen auch die starke Veränderung der Kimberlite zusammen, die in intensiver Karbonatisierung, völliger Serpentinisierung des Olivins und teilweise der Grundmasse zum Ausdruck kommt. Stellenweise kommen kleine Kalkspatdrusen und Magnetitansammlungen vor. Die Beobachtungen an den Kontakten mit den Nebengesteinen zeigten, daß die Kontaktfläche mit 50–70° zum Zentrum der Durchschlagsröhre einfällt; bisweilen sind auch die Nebengesteinsschichten etwas gehoben.

Gewöhnlich ist in der Kontaktzone das Gestein stark zerstört, die Mächtigkeit des stark veränderten Kimberlits erreicht 1–1,5 m. An die Kontaktzone ist ein reichliches Auftreten von Brauneisen und eine intensive Karbonatisierung des Kimberlits gebunden. Die Kalksteine und Tonschiefer am Kontakt mit dem Kimberlit sind etwas verfestigt und wahrscheinlich etwas umkristallisiert.

Im Kimberlit kommen in großer Menge Xenolithe von Sedimentgesteinen vor. Es handelt sich im wesentlichen um verschiedene Kalke, Dolomite und Argillite. Die Größe der Einschlüsse bewegt sich zwischen Bruchteilen eines Millimeters und 0,5 m. Es wurde ermittelt, daß die Zunahme der Größe der Sedimentgesteinsxenolithe an die Kontaktteile der Durchschlagsröhre gebunden ist. Die größten Einschlüsse von hellgelblichen und gelblichen Kalksteinen erreichen hier 1,5 m im Durchmesser („schwimmende Riffe"). Die Kalksteineinschlüsse sind immer gerundet; die Dolomite und Argillite kommen häufiger in eckigen gedrungenen Trümmern vor.

In den Xenolithen der Kalksteine und Argillite wurde eine ziemlich reiche Brachiopoden-, Korallen-, Gastropoden- und Trilobitenfauna u. a. gefunden. Die meiste Fauna kommt in den hellen Kalksteinen und den grünen Argilliten vor, wo Bereiche auftreten, die vollständig aus Brachiopoden bestehen. Eine zahlreiche, gut erhaltene Brachiopoden- und Gastropodenfauna wurde in einem Xenolith des dunkelgrauen bituminösen Kalksteins gefunden. Man muß unterstreichen, daß neben den typischen, im Ordovizium weit verbreiteten Formen auch Fauna des Llandovery auftritt, dessen Schichten auf diesem Territorium vollständig erodiert wurden.

Neben den Sedimenten kommen im Kimberlit der Durchschlagsröhre „Sarniza" in großer Menge auch Xenolithe metamorpher Gesteine vor. Sie besitzen gewöhnlich eine glatte gerundete Oberfläche und sehen bisweilen gerundeten Kieseln ähnlich. Es kommen gedrungene, längliche, kugelförmige und andere Formen der Xenolithe vor. Ihre Abmessungen bewegen sich gewöhnlich zwischen 1 und 10–15 cm. Die Xenolithe sind in der Regel von einer festen dunkelgrünen Chlorit-Serpentinkruste umgeben und sie „enthülsen" sich sehr leicht aus dem Kimberlit, wie der Kern einer Nuß. Innerhalb der Xenolithe treten am häufigsten dunkelgrüne und helle kristalline Schiefer auf. Nicht selten sind kristalline Granatschiefer (pyrophaltig) mit gut ausgebildeter Bänderung, die durch einen Wechsel der mit Granat angereicherten Bereiche zustande kommt. Sehr häufig kommen hellere kaolinisierte Eklogite vor, etwas seltener dunkle, unveränderte, sehr feste und schwerere Gesteine.

Von den Mineralien ist im Kimberlit der Ilmenit am häufigsten verbreitet, ferner gerundete Pyropkörner mit einer Größe bis zu 1 cm; seltener treten Biotitblättchen bis zu 1 cm und „Ovoide" eines gelbgrünen, restlos serpentinisierten Olivins mit einer Größe von etwa 2–3 mm auf; Chromdiopsid ist sehr selten.

### Durchschlagsröhre „Newidimka" („Unsichtbare")

Sie wurde im Juli 1955 durch die magnetische Aufnahme nachgewiesen und abgegrenzt. Ihre Abmessungen betragen etwa 250 × 150 m. Im Grundriß erstreckt sie sich in südwestlicher Richtung und besitzt ungleichmäßige gebundene Abgrenzungen. Es gelang, in einer Tiefe von 2,5 m unter der Eluvialschicht kleine Kimberlitbruchstücke aufzufinden. Größere Stücke wurden im Bett des Flusses Jaka gefunden, der die Durchschlagsröhre erodiert. Die Kimberlite der Durchschlagsröhre „Newidimka" sind makroskopisch den Gesteinen der Durchschlagsröhre „Sarniza" sehr ähnlich; sie bestehen aus einer hellen grünlichgrauen, stark karbonatisierten Kimberlitbrekzie. Die Gesteinstrümmer machen 40–60% aus.

Neben den Sedimentgesteinseinschlüssen kommen viele gerundete Xenolithe kristalliner Schiefer vor, darunter auch pyrophaltige. In großer Menge wurden Pyrop- und Ilmenitkörner sowie braune Glimmerblättchen gefunden. Das Bindemittel des Gesteins macht 40–60% aus und besteht aus einem stark karbonatisierten graugrünen Serpentinmaterial. Die schwere Fraktion der Schliche besteht im wesentlichen aus Ilmenit und Pyrop, in Form von verschieden großen und verschieden gefärbten Körnern.

Bei Berücksichtigung der Ähnlichkeit der Kimberlite dieser Durchschlagsröhre sowie ihrer räumlichen Anordnung kann man vermuten, daß sie durch einen gemeinsamen Kanal in der Tiefe miteinander verbunden sind.

### Durchschlagsröhre „Maljutka" („Kleine")

Sie wurde im Mai 1955 bei der Schlichaufnahme auf Pyrope aufgefunden und die Auffindung wurde durch magnetische Untersuchungen bestätigt. Die Abmessungen der Durchschlagsröhre betragen etwa 50 × 70 m. Die Form ist etwas länglich, mit fließenden, etwas gewundenen Umrissen. Die Durchschlagsröhre ist unter deluvialen Schichten karbonatischer Gesteine des Ordoviziums verborgen, die bis 1,5 m mächtig werden.

Der Kimberlit dieser Pipe besteht aus einem sehr festen bläulichgrünen, stark kalzitisierten Gestein mit einer erheblichen Menge ziemlich großer (von 1–10 cm) Trümmer verschiedener Sedimente (Kalke, Argillite u.a.).

Die Xenolithe machen 30–40% des Gesamtvolumens des Gesteins aus, davon entfallen wiederum 60–70% auf das bläulichgrüne, chloritisch-serpentinitische Bindemittel. Die schwere Fraktion der Schliche besteht hauptsächlich aus kleinen Pyrop-, Ilmenit- und Magnetitkörnern. In seltenen Fällen tritt Chromdiopsid auf.

### Durchschlagsröhre „Sossednjaja" („Benachbarte")

Sie liegt 500 m südwestlich der Pipe „Maljutka". Sie wurde im September 1955 durch die magnetische Aufnahme nachgewiesen. Ihre Abmessungen betragen 120 × 80 m.

Auf der Oberfläche wird die Durchschlagsröhre von lehmigem Deluvium paläozoischer, bis 2 m mächtiger karbonatischer Gesteine bedeckt. Bei den die Durchschlagsröhre ausfüllenden Kimberliten handelt es sich um eine sehr feste feinklastische, dunkelgraue, relativ schwach karbonatisierte Brekzie mit kleinen Pyrop- und Ilmenitkörnern, hellen Glimmerblättchen und großen tafeligen Chloritkristallen. Die Xenolithe machen etwa 60% aus. Es treten auch gerundete Bruchstücke dichter Kalke, schwarzer Glimmerschiefer und pyropführender Gesteine auf (in einer würfeligen Probe des Eluviums wurde ein Diamantkristall gefunden).

### Durchschlagsröhre „Dolgoshdannaja" („Lang Erwartete")

Sie wurde durch geophysikalische Untersuchungen im August 1955 aufgefunden. Die Abmessungen betragen 220 × 220 m, die Form ist gerundet, etwas nach Nordosten gestreckt. Die Durchschlagsröhre liegt auf dem Hang einer Sopka und wird von einer deluvialen Decke karbonatischer Gesteine überdeckt, welche die Wasserscheide bilden. Die Mächtigkeit des Deluviums bewegt sich zwischen 0,5 und 1,2 m. Das bergmännisch aufgeschlossene Eluvium der Kimberlite besteht aus Kimberlittrümmern verschiedener Größe, von schlammig-grusigem Material bis zu Blöcken von 0,5 m Größe.

Die die Durchschlagsröhre ausfüllenden Kimberlite sind makroskopisch ein festes, gräulichbraunes, stark karbonatisiertes feinklastisches Gestein vom Typ einer Tuffbrekzie. Verschiedene Xenolithe machen bis zu 70% des Gesteinsvolumens aus und nur 30% entfallen auf das bräunliche oder grünlichgraue Karbonat-Serpentin-Bindemittel. Innerhalb der nach Größe, Form und Zusammensetzung verschiedenen Einschlüsse herrschen Sedimentgesteine vor; es handelt sich hierbei um graue, dunkelgraue und grünliche Kalksteine, Kalksteinkonglomerate, Tonschiefer u. a. Die Menge der Xenolithe der Sedimentgesteine nimmt in der Nähe der Kontakte merklich zu. Unmittelbar im Kimberlit wurde alsEinschluß eine fast unveränderte Trilobitenfauna gefunden.

Neben den Sedimentgesteinseinschlüssen kommen in den Kimberliten in geringer Menge auch große Einschlüsse (bis 10 cm) verschiedener grüner und schwarzer kristalliner Schiefer vor, ferner kleine Einschlüsse stark verwitterter pyropführender metamorpher Gesteine. Alle dieser Xenolithe (mit Abmessungen von 0,3 bis 30—40 cm) sind gerundet, sie besitzen glatte Oberflächen.

Neben den Xenolithen verschiedener Gesteine sind in der ganzen Kimberlitmasse ideal gerundete blutrote und violette Pyropkörner verstreut, ferner kleine, gleichsam umschmolzene Ilmenitbruchstücke.

Die schwere Fraktion der Schliche aus dem Eluvium des Kimberlits besteht hauptsächlich aus großen Pyropkörnern (bis zu 3 mm), Ilmenit und Magnetit, in viel geringerer Menge kommen Chromit, grüner Pyroxen, kleine Olivinkörner und andere Mineralien vor.

In den Kontaktzonen zwischen Kimberlit und Nebengesteinen ist eine Eisenanreicherung zu beobachten. Stellenweise ist der Kimberlit stark karbonatisiert (aufgehellt). An den Kimberliten und Sedimentgesteinen sind ausgezeichnete Gleitspiegel zu beobachten.

Hydrothermale Erscheinungen sind in den Kimberliten sehr schwach ausgeprägt. In den Hohlräumen und auf den Klüften kommt der Magnetit gewöhnlich in Form von Kristallen oder kompakten nierenförmigen Massen zum Absatz, der Kalkspat in Form von Kristallen und verschieden gefärbten Fließformen.

Durchschlagsröhre „Leningradskaja"

Sie wurde durch geophysikalische Untersuchungen im August 1955 aufgefunden. An der Oberfläche ist die Durchschlagsröhre mit einer Decke lehmiger deluvialer Ablagerungen überzogen, die aus Bruchstücken ordovizischer Karbonate bestehen. Die Mächtigkeit dieser Decke beträgt 1,5—1,7 m. Nach den Unterlagen der magnetischen Aufnahme besitzt die Durchschlagsröhre in Richtung von West nach Ost eine etwas längliche Form. Ihre Abmessungen betragen 520 × 350 m.

Die Kimberlitpipe durchbricht offensichtlich einen ziemlich mächtigen, NO—SW- streichenden Diabasdyke, der in unterpaläozoische Gesteine intrudierte. Es gelang bisher leider noch nicht, den Kontakt zwischen Kimberliten und Diabasen aufzuschließen.

Der die Pipe ausfüllende Kimberlit ist ein lilabraunes stark karbonatisiertes feinklastisches Gestein, das außerordentlich an Tuff erinnert. Die Trümmer im Gestein machen 80—90% aus und nur 10% entfallen auf das Karbonat- und Serpentin-Bindemittel. Die Bruchstücke sind gewöhnlich 1—1,5 cm groß, seltener kommen 2—5 cm große Stücke vor. Die Hauptmasse der Einschlüsse besteht aus Sedimenten (verschiedene Kalke, Dolomite, Tonschiefer usw.). In den Xenolithen der grauen bituminösen Kalksteine tritt Brachiopodenfauna auf. Die Xenolithe der Sedimentgesteine sind gedrungen, bisweilen liegen ideal gerundete Stücke vor.

In bedeutend geringerer Menge sind in der Kimberlitbrekzie Xenolithe dunkler kristalliner Schiefer zu beobachten. Selten kommen kleine Xenolithe pyropführender Gesteine und in geringer Menge Xenolithe fester dunkelgrauer mittelkörniger Diabase vor.

Im Bindemittel des Gesteins sind gelbgrüne Pseudomorphosen von Serpentin nach Olivin, gerundete, bis zu 1 cm große Ilmenitkörner, verschiedenfarbige Pyrope und seltene Phlogopitkristalle zu beobachten. In der Nähe der Kontakte treten hydrothermale Magnetitabscheidungen auf, in Hohlräumen und Spalten sind verschiedenartig ausgebildete und gefärbte Kalkspäte zu beobachten. Die aus dem Feineluvium des Kimberlits entnommene schwere Fraktion der Schliche besteht im wesentlichen aus Ilmenit und in geringerer Menge aus Pyrop und Magnetit. Es kommen auch einzelne Körner von hellgrünem Chromdiopsid vor.

Durchschlagsröhre „Molodjoshnaja"

Sie liegt in 1 km Entfernung von der „Leningradskaja". Sie wurde durch die magnetische Aufnahme gleichzeitig mit der „Leningradskaja" aufgefunden.

Die Abmessungen betragen 160 × 180 m. In westlicher Richtung ist sie etwas verlängert, sie besitzt fließende, aber etwas ausgeschnittene Umrisse. Unter der Decke des lehmigen Deluviums der paläozoischen Gesteine wurde der Kimberlit in einer Tiefe von 0,3—1,0 m nachgewiesen. Durch einen Schurfgraben wurde die eisenreiche Kontaktzone zwischen Kimberlit und den Kalken der Nebengesteine aufgeschlossen.

Die Kimberlite sind nach dem Äußeren und der Zusammensetzung den Kimberliten der Pipe „Leningradskaja" außerordentlich ähnlich. Es sind im allgemeinen feste, feinklastische, dunkle grünlichgraue Kimberlittuffe. 60% des Gesteinsvolumens bilden verschiedene Xenolithe. Der Unterschied besteht darin, daß an der Zusammensetzung dieser Gesteine viel weniger kristalline Schiefer teilnehmen, Pyrop fast vollständig fehlt, dafür aber ziemlich viele große Ilmenitkörner (bis 4 cm) auftreten. Das Gestein ist insgesamt durch intensive Karbonatisierung gebleicht. In Spalten und Hohlräumen kommen oft ausgezeichnete Kalkspatkristalle vor, und stellenweise ist eine merkliche, durch Abscheidung kompakter Magnetitmassen bedingte Verzerzung zu beobachten.

Die oben beschriebenen Pipes „Dolgoshdannaja", „Leningradskaja" und „Molodjoshnaja" liegen auf einer, nahezu Ost-West-streichenden Linie.

Durchschlagsröhre „Dalnjaja" („Ferne")

Entdeckt bei der Durchführung der Schlichbemusterung auf Pyrope. Nach den Unterlagen der magnetischen Aufnahme handelt es sich um einen isometrischen Körper mit etwas gewundenem Umriß. Die Abmessungen der Durchschlagsröhre betragen 300 × 340 m.

Bergmännisch wurde unter den deluvialen, 1,5–2 m mächtigen Ablagerungen das grünlichbraun feinerdige Eluvium des Kimberlits aufgeschlossen, in dem eine große Menge jüngerer eklogitähnlicher Gesteine, kristalliner Schiefer, Sedimentgesteine, ferner viele große gerundete Ilmenitstücke (bis 2–3 cm) und Pyropstücke[4]) verschiedener Farbe vorkommen. Die Kimberlite bilden eine sehr feste grünbraune (eisenreiche), stark kalzitisierte Gesteinsvarietät, sie enthalten bis zu 60% Xenolithe verschiedener Gesteine und Mineralien.

Durchschlagsröhre „Udatschnaja" („Erfolgreiche")

Sie wurde im Juni 1955 bei der Durchführung der Schlichbemusterung auf Pyrope entdeckt.

Die Pipe „Udatschnaja" liegt am rechten Ufer des Flusses Daaldyn in unterpaläozoischen Sedimenten. Im Grundriß ist sie oval, mit einer Ausstülpung im westlichen Teil. Die Abmessungen der Durchschlagsröhre betragen 750 × 300 m. Die Pipe ist nach Südwesten geneigt, sie läßt sich durch Bohrungen bis zu einer Tiefe von 200 m (von der Oberfläche aus) verfolgen. Nebengesteine sind bituminöse Kalke und Dolomite mit Alevrolithzwischenlagen.

Die Kimberlite, welche die Durchschlagsröhre „Udatschnaja" ausfüllen, bestehen aus zwei Varietäten: 1. aus einer hellgrauen und grünlichgrauen Kimberlitbrekzie und 2. aus einem schwach brekziösen dunkelgrünen Kimberlit von basaltischem Aussehen.

Die Kimberlitbrekzie bildet den westlichen Teil der Röhre. Für sie charakteristisch ist eine große Menge klastischen Materials, das im wesentlichen aus verschiedenen Kalken besteht; oft kommen Xenolithe metamorpher archaischer Gesteine vor (Biotit-Feldspatgesteine vom Typ der Anorthosite, Pyroxen-Feldspat-Granatgneise, Glimmerschiefer, Granulite, Eklogite). Im Bindemittel der Brekzie sind in großer Menge Bruchstücke von Ilmenit, Granat, Magnetit, Phlogopit, Chromdiopsid und von verändertem Olivin enthalten.

Der Kimberlit mit dem basaltischen Aussehen bildet den westlichen Teil der Durchschlagsröhre. Es handelt sich um ein schwach brekziöses dunkles graugrünes Gestein mit einer untergeordneten Menge klastischen Materials. Im Bindemittel herrschen Chlorit und Serpentin gegenüber Karbonat vor. Die Olivinkörner sind nur teilweise serpentinisiert; Pyrop kommt in geringerer Menge als in der Brekzie vor.

Der mittlere Teil der Pipe „Udatschnaja" besteht aus stark brekziösem zerstörtem Kimberlit; er bildet einen 100–140 m breiten Streifen, der die oben beschriebenen Kimberlitvarietäten voneinander trennt. Im Kimberlit dieser Zone sind zahlreiche Gleitspiegelbereiche mit Eisenanreicherung zu beobachten. Hinsichtlich des Charakters der Gesteinsveränderung ähnelt die Zone des zerstörten Kimberlits der Kontaktzone, in der der Kimberlit ebenso stark brekziös, karbonatisiert und mit Eisen angereichert ist.

Die beschriebenen Verhältnisse im Bau der Pipe „Udatschnaja" deuten darauf hin, daß die Ausfüllung der Pipe zumindest in zwei Schüben erfolgte. Zugunsten dessen spricht auch der Unterschied, der zwischen dem Diamantgehalt in der Kimberlitbrekzie und dem Diamantgehalt im Kimberlit mit dem basaltischen Aussehen existiert.

[4]) Im Eluvium sind hellgrüne Kristalle von unverändertem Olivin üblich.

Der obere Horizont der Durchschlagsröhre besteht aus Schotter und Kimberlitbrocken, die durch Eis zementiert werden. Der Brocken-Schotter-Horizont wird von 2,5 m mächtigen eluvialen und deluvialen Bildungen überdeckt; es handelt sich hierbei um Lehm mit Grus und Kimberlitschotter sowie um eine große Anzahl Eistrümer und -linsen.

In bezug auf den Diamantgehalt ist die Pipe „Udatschnaja" die reichste aller bekannten Kimberlitdurchschlagsröhren des Rayons Daaldynsk.

Durchschlagsröhre „Sytykanskaja"

Sie wurde im August 1955 bei der Durchführung der Schlichaufnahme auf Pyrope gefunden. Die Abmessungen der Pipe betragen 150 × 100 m. Sie durchschlägt unterpaläozoische Karbonate und liegt 10 m vom Randteil des Lagergangs der Olivindiabase entfernt. Der größere Teil der Durchschlagsröhre wird vom Deluviallehm der Kalke und von großen Diabasbrocken überdeckt. Es gelang, durch bergmännische Aufschlüsse nachzuweisen, daß die Pipe mit den Diabasen nicht in Kontakt steht.

Die die Pipe ausfüllende Kimberlitbrekzie ist stark zerstört. Es handelt sich um ein stark karbonatisiertes Gestein, in dessen Bindemittel eine große Anzahl von Phlogopiteinsprenglingen mit Abmessungen bis zu 1,5 cm auftritt. Die Glimmereinsprenglinge treten quantitativ nur hinter den Olivinpseudomorphosen etwas zurück. In bedeutender Menge kommen Ilmenit und gerundete Pyropkörner verschiedener Farbe vor; fast vollständig fehlt Kalkspat, der für die Kimberlite von Daaldynsk so charakteristisch ist. Fremde Einschlüsse kommen in unbedeutender Menge vor, sie bestehen hauptsächlich aus Kalken, Argilliten und kalkigen Alevrolithen. Es wurde ein gerundeter Xenolith eines gelben Quarzits gefunden, der makroskopisch an die Quarzite aus vermutlich permischen Konglomeraten erinnert, die auf der Sytykan-Marcha-Wasserscheide auftreten. Von anderen Xenolithen kommen hier gewöhnlich gerundete Stücke von Glimmerschiefern und Eklogiten vor. Ferner wurde ein graugrüner Diabasxenolith gefunden.

Wie die Daten einer kleinmaßstäblichen Bemusterung zeigten, gehört die Pipe „Sytykanskaja" offensichtlich zu den ziemlich reichen Pipes des Rayons.

Durchschlagsröhre „Sagadotschnaja" („Rätselhafte")

Sie wurde im August 1955 bei der Durchführung der Schlichaufnahme auf Pyrope aufgefunden. Bei den Felduntersuchungen gelang der Nachweis, daß an der Stelle der vermuteten Verbreitung der Pipe gewissermaßen zwei Verbreitungsflächen des Eluviums der Kimberlite vorhanden sind. Sie liegen in einem Abstand von 140–150 m nebeneinander; die eine Fläche hat die Abmessungen 40 × 50 m, die andere 50 × 70 m.

Das Eluvium dieser Pipe besteht in den oberen Horizonten aus „green ground", dem Produkt einer bedeutenden Zerkleinerung der Kimberlite; durch diese Horizonte unterscheidet sich die vorliegende Pipe von den anderen Pipes des Rayons, wo man eine Zone des „green" oder „yellow ground" nicht abtrennen kann; hier ist statt dessen ein schlammig-grusiger oberflächlicher Zerfallshorizont der Kimberlite vorhanden.

Der „green ground" der Durchschlagsröhre besteht im wesentlichen aus einem hellgrünen schweren Lehm, worin — mit bloßem Auge gut zu erkennen — gerundete

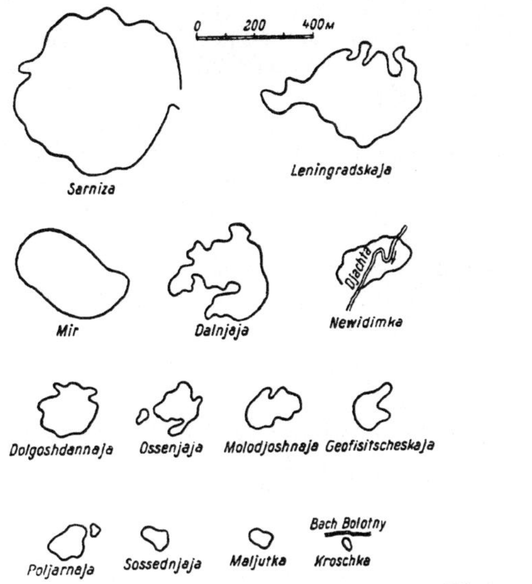


Abb. 7. Form (im Grundriß) und Abmessungen der Kimberlitpipes des Wiljui-Beckens

Pyropkörner und eine große Anzahl großer (bis 0,5 cm) Chromdiopsidkörner vorhanden sind; dieser Umstand unterscheidet ebenso die vorliegende Pipe von allen anderen des Rayons Daaldynsk. In merklicher Menge kommen braune Glimmerschüppchen und einzelne Bruchstücke fremder Kalke, Glimmerschiefer und anderer Gesteine vor. Es treten auch schwachgerundete Trümmer der als Nebengestein vorliegenden unterordovizischen Kalksteine auf.

Von dem „green ground" ist das grusig-schotterige Eluvium der Kimberlite aufgeschlossen. Der Kimberlit der Pipe „Sagadotschnaja" ist ein festes hellgrünes Gestein. Die Xenolithe bestehen aus zahlreichen hellgrauen, grauen und gelblichen Kalken, die oft Brachiopoden- und seltener Trilobitenfauna enthalten. Die Form der Trümmer ist gewöhnlich gerundet, ihre Abmessungen betragen 1—5 cm, selten 20 cm.

Metamorphe Gesteine treten häufig auf. Ihre Bruchstücke sind gerundet und nicht über 5—6 cm im Querschnitt groß. Im wesentlichen handelt es sich um fast schwarze kristalline Schiefer, Biotit-Granatschiefer und pyrophaltige Gesteine. Von magmatischen Gesteinen sind Diabasxenolithe zu beobachten. Fast alle Einschlüsse sind oberflächlich mit einem grünen Chlorit-Serpentin-„Hemd" (1—3 mm dick) überzogen.

Durchschlagsröhre „Ossenjaja" („Herbstliche")

Sie wurde im Herbst 1955 bei der magnetischen Aufnahme entdeckt. Die Abmessungen betragen 120 × 80 m. Die Form ist isometrisch, mit wunderlich ausgezackten Rändern. Die Pipe ist von einem deluvialen Mantel paläozoischen Ablagerungen mit einer Mächtigkeit bis 1—1,5 m überdeckt. Das Eluvium der Pipe besteht aus merklich eisenreichen grünlichgrauen Kimberliten mit Einschlüssen gerundeter Trümmer dunkler und heller pyrophaltiger Gesteine, Glimmerschiefer und einer großen Anzahl verschiedener Sedimentgesteine. Die schwere Fraktion aus den Schlichen des Eluviums besteht hauptsächlich aus Pyrop und Ilmenit.

Durchschlagsröhre „Poljarnaja"

Sie wurde im Juli 1955 bei der magnetischen Aufnahme nachgewiesen. Die Abmessungen der Pipe betragen 100 × 100 m. Die Form der Durchschlagsröhre nähert sich der isometrischen. Der Kimberlit folgt fast sogleich unter der Moosdecke. Es handelt sich um ein sehr helles, kaum gräuliches, manchmal braunes, vollständig karbonatisiertes Gestein, in dem das Bindemittel 95% des gesamten Gesteinsvolumens ausmacht. Der Anteil der gewöhnlich kleinen Sedimentgesteinstrümmer beträgt nicht über 5% vom Gesamtvolumen des Gesteins. In der schweren Fraktion der Schliche kommen wenige, sehr kleine Ilmenitkörner und sehr selten Pyropkörner vor. Mit bloßem Auge sind diese Mineralien im Gestein nicht zu beobachten.

Bei der Verallgemeinerung der Ergebnisse, die bei der Untersuchung der die Pipes des Rayons Daaldynsk ausfüllenden Kimberlite erzielt wurden, kann man schlußfolgern, daß sich die Kimberlite hinsichtlich Färbung, Festigkeit, Korngröße, Zusammensetzung und Menge der Xenolithe, Karbonatisierungsgrad des Bindemittels und der Bruchstücke sowie gewisser Schwankungen der mineralogischen Zusammensetzung der schweren Fraktion der Schliche aus dem Eluvium verschiedener Pipes unterscheiden.

Die Kimberlite der Durchschlagsröhre „Mir" im Gebiet der Malaja Batuobija unterscheiden sich merklich von den Kimberliten des Rayons Daaldynsk. Vor allem ist die dunklere Färbung der Kimberlite der Durchschlagsröhre „Mir" auffallend, die durch die Anwesenheit von Chlorit, Serpentin und durch geringe Karbonatisierung bedingt wird; in dieser Pipe fehlen auch Xenolithe kristalliner Schiefer fast vollständig. Es sind auch gewisse mineralogische Unterschiede vorhanden, die darauf hinauslaufen, daß in den Kimberliten im Gebiet der Malaja Batuobija Chlorit stark verbreitet ist, daß hinsichtlich Granat eine geringere Farbenvielfalt herrscht, daß der Ilmenitgehalt niedrig ist usw.; aber diese Unterschiede treten im wesentlichen beim Vergleich der Kimberlite der Pipe „Mir" mit den Kimberliten der Pipe „Sarniza" hervor.

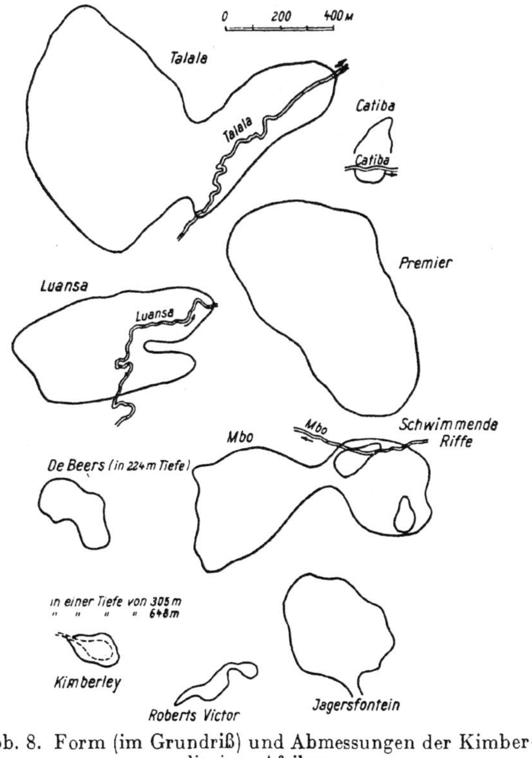


Abb. 8. Form (im Grundriß) und Abmessungen der Kimberlitpipes Afrikas

In den meisten Durchschlagsröhren ist der Olivin restlos serpentinisiert. Bei der Pipe „Dalnjaja" ist jedoch im Eluvium der Kimberlite eine große Menge unveränderten Olivins anzutreffen. Das zeigt, daß die Serpentinisierungszone bei verschiedenen Pipes in verschiedener Tiefe aufhört. Die geophysikalischen Unterlagen, die für eine Anzahl von Pipes ein niedriges spezifisches Gewicht des Kimberlits nachweisen, sprechen für eine bedeutende Tiefe der Serpentinisierungszone.

Es wurde bereits bemerkt, daß die Kimberlite im Rayon Daaldynsk Sedimente des Unteren Paläozoikums und Trapps durchschlagen haben (Durchschlagsröhre „Leningradskaja"). Daher kann man, was auch für das Gebiet der Malaja Batuobija gilt, mit Sicherheit nur von einem postpermischen Alter der Kimberlite im Rayon Daaldynsk sprechen. Eine endgültige Festlegung des Alters der Kimberlite wird erst möglich, wenn im Gebiet der Malaja Batuobija die Verhältnisse zwischen den Kimberliten und den jurassischen Schichten geklärt sind, da im Rayon Daaldynsk diese Schichten fehlen.

Die Abb. 7 und 8 zeigen verhältnistreu die Formen und Abmessungen der Kimberlitpipes des Wiljui-Beckens und Afrikas.

# Zur Stratigraphie und Erzführung des Zechstein 1 (Werra-Serie) in Südbrandenburg und in der Subsudetischen Zone

FRIEDA KÖLBEL, Berlin

## Schichtenfolge des Zechstein 1

In letzter Zeit wurden in verschiedenen Teilen von Südbrandenburg und in Südwest-Polen Bohrungen zur Erkundung des Zechsteins durchgeführt (Abb. 1 und 2). Im Hinblick auf die Erzführung im Kupferschiefer bzw. -mergel und seinem Hangenden brachten die Bohrungen neue wissenschaftliche und zum Teil auch gute wirtschaftliche Ergebnisse.

Im Bereich der Struktur Mulkwitz bei Spremberg gliedert sich die Werra-Serie nach den Ergebnissen der *Bohrungen Spremberg 3* und *13 E* (F. KÖLBEL, 1958) sowie *Spremberg 15* und *29* in

| | |
|---|---|
| 41,7 — 54 m | Oberen Werra-Anhydrit |
| 1,6 — 6 m | Anhydrit-Dolomit-Brekzie, Äquivalent des Ältesten Steinsalzes |
| 31,7 — 113 m | Unteren Werra-Anhydrit |
| 25,3 — 85,2 m | Dolomit |
| 1,1 — 1,6 m | dolomitische Mergel, z. T. bleiglanzführend |
| 0,4 — 1,4 m | stark bituminöser Kalkmergelschiefer, der teils Bleiglanz und Zinkblende, teils Buntkupfererz führt. |

Es liegt nahe, diese Schichtenfolge mit dem Unteren Zechstein der Haaseler und Gröditzer Mulde in Niederschlesien zu vergleichen, die nach EISENTRAUT (1932) besteht aus

| | | |
|---|---|---|
| 8,5 — 28 m | Hauptkalk | = Kalkstein |
| 2,9 — 12 m | Gervillienschichten bzw. Bleimergel ($zu_5$) | = Kalk-Mergelstein-Wechsellagerung |
| 1,6 — 3,0 m | Kupfermergel ($zu_4$) | = erzführende schwarzgraue Mergel, mit ± Kalksteinbänken |
| 2,1 — 2,8 m | Fleckenmergel ($zu_3$) | = Kalkstein |
| 0,7 — 3,5 m | Basalkalk ($zu_2$) | = Kalkstein |
| ? | Grenzkonglomerat ($zu_1$) | = hellgrauer und roter Sandstein |

RICHTER-BERNBURG (1951) vergleicht das Grenzkonglomerat mit dem mitteldeutschen Zechsteinkonglomerat, die Folge Basalkalk-Fleckenmergel-Kupfermergel-Bleimergel ($zu_{2-5}$) mit dem mitteldeutschen kalkigen Unterzechstein, wobei er Basalkalk und Fleckenmergel als Äquivalent des thüringischen Mutterflözes bzw. der Korbacher Productus-Bank betrachtet. Kupfermergel und Bleimergel sollen dem mitteldeutschen Kupferschiefer und Zechsteinkalk analog sein. Den Hauptkalk bzw. den Unteren Zechstein betrachtet er „als zusammengehörigen und faziell eng miteinander verbundenen Teil der Werra-Serie".

Dieser Untere Zechstein dürfte dem von Spremberg wie folgt entsprechen:

| *Niederschlesien* | *Spremberg* |
|---|---|
| Hauptkalk | Dolomit |
| Gervillienschichten bzw. Bleimergel | dolomitische Mergel |
| Kupfermergel | Kalkmergelschiefer |

Fleckenmergel und Basalkalk sind im Gebiet Spremberg nicht entwickelt. Bei dem in Niederschlesien nicht durchbohrten Grenz- bzw. Zechsteinkonglomerat mag noch dahingestellt sein, ob es sich hier nicht — wie im Gebiet Spremberg — um einen konglomeratischen Sandstein im oberen Teil des Oberrotliegenden handelt. Der bei Spremberg über dem Dolomit nachgewiesene Werra-Anhydrit mit Äquivalenten des Ältesten Steinsalzes dürfte in dem sehr küstennahen Bereich Niederschlesiens gar nicht erst zur Ablagerung gekommen sein; vielmehr folgen hier oberhalb des Hauptkalkes Sandsteine und Letten der Staßfurt-Serie (RICHTER-BERNBURG, 1951).

In Niederschlesien sind bei größerer Randnähe infolge erhöhter Zufuhr von klastischem Material Kupfer- und Bleimergel bedeutend mächtiger ausgebildet als bei Spremberg.

Der Dolomit von Spremberg müßte, da er von Unterem und Oberem Werra-Anhydrit mit Äquivalenten des Ältesten Steinsalzes überlagert wird, stratigraphisch dem mitteldeutschen Zechsteinkalk entsprechen.

Nach A. SCHÜLLER (1958) sind die im Liegendsten des Zechstein 1 entwickelten stark bituminösen Kalkmergelschiefer der *Bohrungen Spremberg 3* und *13 E*, also der Kupferschiefer bzw. -mergel, in Mansfelder Fazies ausgebildet und lassen dementsprechend auch eine Unterteilung in „Feine Lette", „Grobe Lette", „Kammschale", „Schieferkopf" usw. zu. Die folgenden, z. T. bleiglanzführenden dolomitischen Mergel liegen etwa im Niveau der „Dachberge", also des untersten Zechsteinkalkes. Primär wurden die dolomitischen Mergel und der überlagernde Dolomit als Kalkmergelsteine und Kalksteine ausgefällt. Die Dolomitisierung des Gesteins erfolgte sekundär, wobei gleichzeitig die im Kupferschiefer syngenetisch abgelagerten Erze, und zwar hauptsächlich der Bleiglanz, nach oben wanderten und auf den während der Dolomitisierung durch die Volumenminderung entstandenen Klüften und Rissen wieder zur Abscheidung kamen.

Im Gebiet der *Bohrung Bornsdorf* ist nach ZIMMERMANN (Angaben von 1901, nach LOTZE 1938) der Werra-Anhydrit

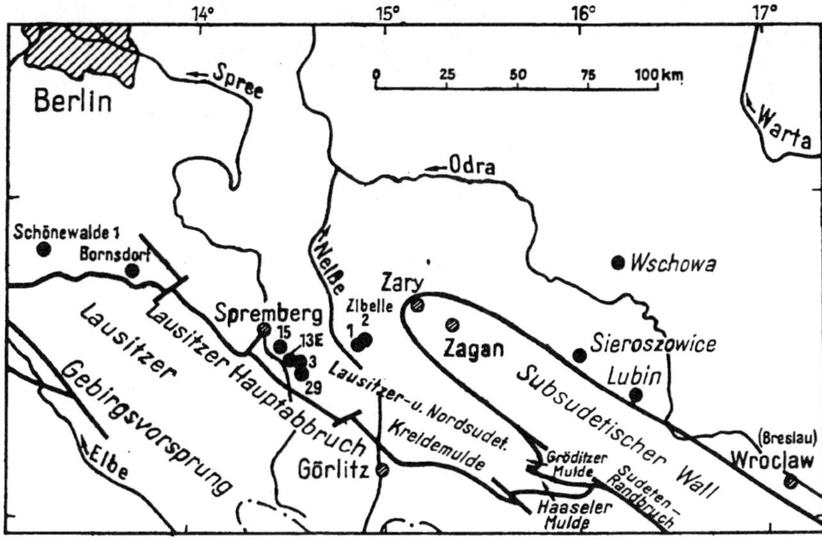


Abb. 1. Lageplan der Bohrungen in Südbrandenburg und in der Subsudetischen Zone

mindestens 240 m mächtig. Äquivalente des Ältesten Steinsalzes bzw. dieses selbst sind im Schichtenverzeichnis nicht erwähnt. Da der größte Teil des Werra-Anhydrits gemeißelt wurde, ist es möglich, daß solche nicht erfaßt werden konnten. Der darunter folgende 6 m mächtige hornsteinähnliche Kalkstein dürfte dem Dolomit von Spremberg bzw. dem Hauptkalk von Schlesien (RICHTER-BERNBURG, 1951) analog sein. Den dolomitischen Mergeln bzw. Bleimergeln von Spremberg und Niederschlesien dürfte im Gebiet Bornsdorf eine 7 m mächtige Zone aus „dickschieferigen bleiglanz- und kupfererzführenden Tonmergelsteinen mit Kalkgeröllen" entsprechen. Wahrscheinlich sind die darunter folgenden 4,5 m mächtigen Kalksteine und Mergelschiefer dem Kupfermergel bzw. -schiefer von Niederschlesien und Spremberg analog.

Nach den Ergebnissen der 1955 durchgeführten Bohrung Schönewalde 1, etwa 30 km westnordwestlich der alten Bohrung Bornsdorf, liegen dort unterhalb einer mindestens 39 m mächtigen, z. T. oolithisch-glaukonitischen Folge von Dolomit und Kalkstein, dem Hauptdolomit, 225 m Werra-Anhydrit; dieser weist in seinem mittleren Teil eine hydratisierte Zone auf, die vielleicht dem Ältesten Steinsalz entspricht. Darunter liegen ca. 3 m Zechsteinkalk und nur 1—20 mm Kupferschiefer in Mansfelder Fazies. Diese geringe Mächtigkeit des Kupferschiefers dürfte tektonisch bedingt sein.

WYŻYKOWSKI (1958) gibt für den Bereich der Subsudetischen Zone Bohrprofile an, die denen des Gebietes Spremberg sehr ähneln (Tab. 1).

In diesen Bohrungen müßten 18,6 bzw. 57,38 m Dolomit und Kalkstein dem Dolomit von Spremberg oder dem Hauptkalk von Niederschlesien, 0,5 m schwarzer bituminöser Kalkstein und 2,56 m erzführender Mergel der *Bohrung Sieroszowice* den dolomitischen Mergeln bzw. dem Bleimergel und dem Kupferschiefer bzw. -mergel entsprechen. In der *Bohrung Lubin* sind Bleimergel und Kupferschiefer mit 3,35 m Mächtigkeit zusammengefaßt.

Für den Unteren Zechstein der *Bohrung Wschowa 1* nordöstlich von Sieroszowice gibt TOKARSKI (1958) folgende Mächtigkeiten an:

| | | |
|---|---|---|
| 40 | m | Anhydrit |
| 101 | m | Salz |
| 20 | m | Anhydrit |
| 9 | m | Salz |
| 122 | m | Anhydrit |
| 3,4 | m | Blasenschiefer-Dolomit |
| 1,78 | m | schwarzer Ton |
| 0,38 | m | Kupferschiefer |
| 11,44 | m | Weißliegend-Sandstein, Rotliegendes |

Der Blasenschiefer-Dolomit, also das Äquivalent des Hauptkalkes bzw. Zechsteinkalkes, wäre hier nur 3,4 m mächtig. Der 1,78 m mächtige schwarze Ton dürfte etwa dem Bleimergel entsprechen. Die Mächtigkeit des Kupferschiefers von 0,38 m entspricht den normalen Mächtigkeiten im Mansfelder Gebiet.

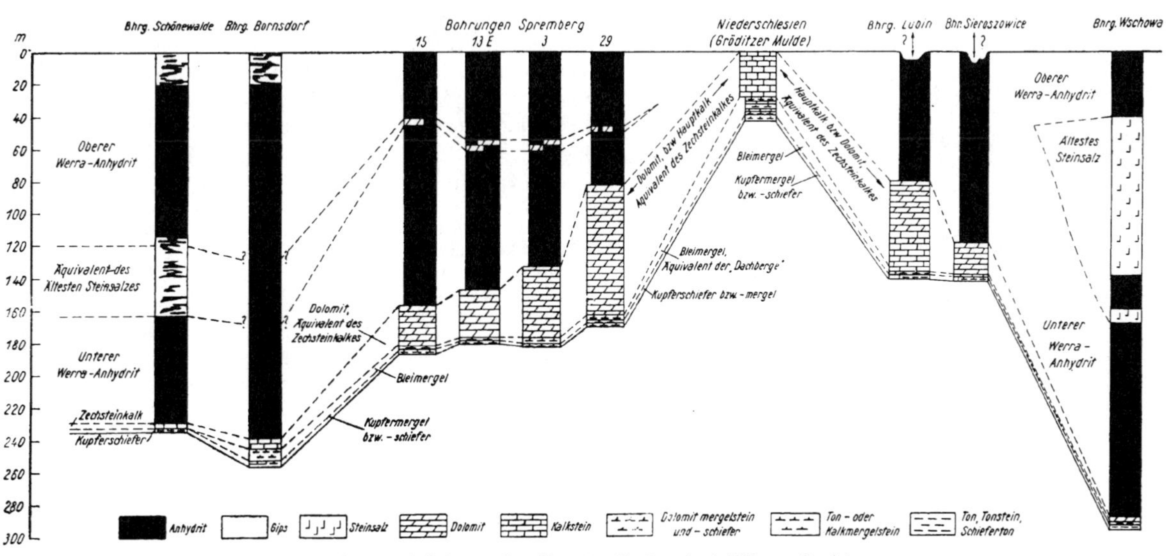


Abb. 2. Vergleich von Profilen des Zechstein 1 (Werra-Serie)

Tabelle 1 *Bohrung Sieroszowice*

| Teufe | Mächtigkeit | Gestein | Formation |
|---|---|---|---|
| 0 — 368,70 m | 368,70 m | Sand, Kies, Ton, Braunkohle | Quartär, Tertiär |
| — 448,90 m | 80,20 m | sandige und sandig-tonige, glimmerreiche Schiefer mit Sandsteinschichten | Buntsandstein |
| — 465,10 m | 16,20 m | rotbraune Tonschiefer mit Gipsnestern und -einlagen | |
| — 636,60 m | 171,50 m | Anhydrite mit einigen geringmächtigen Schichten von Tonschiefern u. Dolomit mit Bitumengeruch | Zechstein [Nach TOKARSKI (1958) Hauptanhydrit bis Werra-Anhydrit] |
| — 655,20 m | 18,60 m | Dolomit mit Bitumengeruch und Gipseinlagen | |
| — 655,70 m | 0,50 m | schwarzer bituminöser Kalkstein | |
| — 658,26 m | 2,56 m | erzführender Mergel | |
| — 674,90 m | 16,64 m | weißer Sandstein | |
| — 906,50 m | 231,60 m | rotbrauner Sandstein | Rotliegendes |
| — 907,50 m | 1,00 m | (älteres) Ergußgestein-Dazit | |

*Bohrung Lubin*

| Teufe | Mächtigkeit | Gestein | Formation |
|---|---|---|---|
| 0 — 223,00 m | 223,00 m | Sand, Kies, Tone, Braunkohle | Quartär u. Tertiär |
| — 380,00 m | 157,00 m | Sandstein mit tonig-sandigen Schiefereinlagen | Buntsandstein |
| — 404,70 m | 24,70 m | rotbrauner Tonschiefer | |
| — 541,14 m | 136,44 m | Anhydrit | Zechstein |
| — 598,52 m | 57,38 m | Dolomit, Kalkstein | |
| — 601,87 m | 3,35 m | Mergel, Kalkstein, Tonschiefer (erzführende Schicht) | |
| — 603,50 m | 1,63 m | grauer erzführender Sandstein | Rotliegendes (Weißliegendes) |

Für die Werra-Serie der Gebiete von Spremberg-Bornsdorf-Schönewalde, Niederschlesien und der Subsudetischen Zone ergeben sich damit folgende Parallelisierungsmöglichkeiten mit dem Germanischen Becken (Tab. 3).

Bei großräumiger Betrachtung der faziellen Verhältnisse der Werra-Serie wird offenbar, daß die Mächtigkeiten des Werra-Anhydrits denen von Dolomit bzw. Zechsteinkalk umgekehrt proportional sind; d. h. in küstenferneren Teilen ist der Dolomit geringmächtig entwickelt, während der Werra-Anhydrit große Mächtigkeiten erlangt. Dies zeigt sich besonders an den Beispielen der *Bohrungen Wschowa*, *Bornsdorf* und *Schönewalde*. Umgekehrt nehmen in den küstennäheren Gebieten mit zunehmendem Dolomitanteil die Anhydritmächtigkeiten ab, was besonders durch die Ergebnisse der Bohrungen bei Spremberg zum Ausdruck kommt (Abb. 2). Die *Bohrung Spremberg 29* wurde auf dem höchsten Teil der Struktur Mulkwitz im Südosten angesetzt, während weiter nordwestwärts auf dem allmählich abtauchenden Strukturteil die *Bohrungen 3, 13 E* und *15* durchgeführt wurden.

Auffällig ist eine große Ähnlichkeit in der petrographischen Ausbildung und den Mächtigkeitsverhältnissen des Kupfer- und Bleimergels bzw. deren Äquivalente in Niederschlesien und Bornsdorf. Kalksteingerölle im „Bleimergel" von Bornsdorf weisen auf Bodenbewegungen in der Nachbarschaft hin.

## Die Erzführung des Zechstein 1 (Werra-Serie)

Auffällig ist im Bereiche der Struktur Mulkwitz bei Spremberg eine Vererzung aus Bleiglanz und untergeordnet Zinkblende auf den höher gelegenen Strukturteilen. In der *Bohrung Spremberg 3* erstreckte sich die Bleiglanzvererzung hauptsächlich auf den unteren Teil des Dolomits, während im Bleimergel und Kupferschiefer die Bleiglanzgehalte stark zurückgingen. Dafür stellten sich dort erhebliche Zinkgehalte ein, die im unteren Teil des Kupferschiefers bis auf 4% anstiegen. Der Bleigehalt betrug selten über 1%. Anscheinend steht die Vererzung eng in Zusammenhang mit der Dolomitisierung des Gesteins, bei der der größte Teil des Bleiglanzes aus dem Kupferschiefer nach oben ausgewandert und auf Rissen und Klüften ausgeschieden worden ist (SCHÜLLER 1958).

In der Bohrung *Spremberg 13 E*, in der Bleimergel und Dolomit einen bedeutend höheren Kalkgehalt aufwiesen als in der *Bohrung 3*, war die Vererzung, und zwar überwiegend eine Bleiglanz- und Zinkblendevererzung, hauptsächlich in fein verteilter Form an den Kupferschiefer gebunden, während die Gehalte im Bleimergel und Dolomit stark zurücktraten. Die Blei- und Zinkgehalte betrugen teilweise über 3%.

In der *Bohrung Spremberg 29* zeigt sich i. d. H. eine Bleiglanzvererzung, die bis ca. 40 m über den Kupferschiefer hinaufreicht, während eine gewisse Zinkblendeführung bis 36 m hinauf festzustellen ist. Im Kupferschiefer selbst steigen die Zinkgehalte bis auf 3% an, während sie darüber noch nicht einmal 0,5% erreichen. Die Bleigehalte liegen selten über 0,5%.

In der im tiefer liegenden Strukturteil durchgeführten Bohrung *Spremberg 15* wurde eine Bleiglanz- und Zinkblendevererzung nicht beobachtet. Vielmehr zeigen sich hauptsächlich im Kupferschiefer Buntkupfererzlineale. Die Kupfergehalte schwanken zwischen 0,3 und 2,8%. Die Kupfervererzung hat auch den Bleimergel betroffen, tritt aber dort bereits stark zurück und konnte im Dolomit überhaupt nicht mehr festgestellt werden.

Bereits ZIMMERMANN (1936) erkannte, daß die Erzführung im Unteren Zechstein von Bornsdorf die gleichen Gesetzmäßigkeiten zeigt wie die Erzführung im Zechstein der Haaseler Mulde. Leider wurden im Blei- und Kupfermergel nur Kalk- und keine Mergelproben analysiert. Darauf führt ZIMMERMANN (1936) zurück, daß die Analysenergebnisse nur geringe Kupfergehalte ergaben. Diese lagen in derselben Größenordnung wie die Kupfer-

Tabelle 2

| | | | bei m Tiefe | Cu % | Pb % | Zn % |
|---|---|---|---|---|---|---|
| 1. | Grauer Kalk | Hauptkalk | 475 | 0,01 | 0,00 | 1,50 |
| 2. | dunkelgrauer, etwas mergeliger Kalk | Bleimergel | 477 | 0,01 | 0,00 | 0,12 |
| 3. | dunkler bituminöser, harter, etwas kalkiger Mergel | Bleimergel | 478 | 0,02 | 0,14 | 0,00 |
| 4. | harter, schwach bituminöser kalkiger Mergel | Bleimergel | 478 | 0,02 | 0,08 | 0,00 |
| 5. | Kalkmergel | Bleimergel | 480 | 0,01 | 0,07 | 0,20 |
| 6. | Mergelkalk | Bleimergel | 480 | 0,02 | 0,07 | 0,10 |
| 7. | grauer Kalk | Bleimergel | 481 | 0,03 | 0,00 | 0,00 |
| 8. | grauer Kalk | Bleimergel | 482 | 0,08 | 0,00 | 0,00 |
| 9. | grauer Kalk | Bleimergel | 483 | 0,12 | 0,00 | 0,00 |
| 10. | dunkelgrauer Kalk | Kupfermergel | 484 | 0,42 | 0,00 | 0,00 |
| 11. | dunkelgrauer Kalk | Kupfermergel | 484 | 0,44 | 0,00 | 0,00 |
| 12. | grauer Kalk | Kupfermergel | 487 | Sp. | 0,00 | 1,00 |

Tabelle 3

| Schönewalde 1 | Bornsdorf | Spremberg 3, 13 $E_3$, 15 u. 29 | Haaseler und Gröditzer Mulde | Sieroszowice | Lubin | Wschowa 1 | Germanisches Becken |
|---|---|---|---|---|---|---|---|
| Anhydrit 114 m | | Anhydrit 41,7 – 54 m | | | | Anhydrit 40 m | Oberer Werra-Anhydrit |
| Gips 29 m | Anhydrit 240 m | Anhydrit-Dolomit-Brekzie 1,6 – 6 m | – | Anhydrit < 171,50 m | Anhydrit < 136,44 m | Salz 101 m Anhydrit 20 m Salz 9 m | Ältestes Steinsalz bzw. Äquivalent desselben |
| Anhydrit 82 m | | Anhydrit 31,7 – 113 m | | | | Anhydrit 122 m | Unterer Werra-Anhydrit |
| Kalkstein 3,9 m | hornsteinähnlicher Kalkstein 6 m | Dolomit 25,3 – 85,2 m | Hauptkalk 8,5 – 28 m | Dolomit 18,6 m | Dolomit, Kalkstein 57,38 m | Blasenschiefer-Dolomit 3,4 m | Zechsteinkalk |
| | Tonmergel mit Kalksteingeröllen 7 m | dolomitische, z. T. bleiglanzführende Mergel 1,1 – 1,6 m | Bleimergel bzw. Gervillienschichten 2,9 – 12 m | schwarzer bituminöser Kalkstein 0,50 m | Mergel, Kalkstein, } | schwarzer Ton 1,78 m | unterster Zechsteinkalk bzw. „Dachberge", Bleimergel |
| Kupferschiefer 1 – 20 mm | Kalkstein und Mergelschiefer 4,5 m | stark bituminöser Mergelschiefer 0,4 – 1,4 m | Kupfermergel 1,6 – 3 m | erzführender Mergel 2,56 m | Tonschiefer 3,35 m | Kupferschiefer 0,38 m | Kupferschiefer |
| | – | – | Fleckenmergel 2,1 – 2,8 m | – | – | – | Mutterflöz (Thüringen) |
| | – | – | Basalkalk 0,7 – 3,5 m | – | – | – | |
| | – | – | Grenzkonglomerat ? m (vielleicht Oberrotliegendes) | – | – | – | Zechsteinkonglomerat |
| Kambrium ? | Rotliegendes | Rotliegendes | Oberrotliegendes ? | weißer Sandstein, Rotliegendes | grauer erzführender Sandstein, Rotliegendes | Weißliegend-Sandstein; Rotliegendes | Rotliegendes |

gehalte der Kalkbänke zwischen den Mergellagen des Kupfermergels in der Haaseler Mulde. Zum Hangenden hin nimmt der Kupfergehalt stark ab; gleichzeitig setzt mit der Abnahme des Kupfergehaltes innerhalb des Bleimergelflözes eine Blei- und weiter oben eine Zinkführung ein. Nach den Analysenergebnissen einzelner Proben zeigten die Erzgehalte die Werte der Tab. 2.

Der geringmächtige Kupferschiefer der *Bohrung Schönewalde 1* wies eine geringe Kupferkiesführung auf.

Nach WYŻYKOWSKI erstreckt sich die Vererzung in den *Bohrungen Sieroszowice* und *Lubin* auf den Bleimergel, den Kupferschiefer und den darunter folgenden Oberrotliegend-Sandstein. Die Erzgehalte haben folgende Werte:

Tabelle 4 *Bohrung Sieroszowice*

| | Mächtigkeit in cm | | | mittl. Cu-Geh. in % | | | Menge an metallischem Cu kg/m² | | |
|---|---|---|---|---|---|---|---|---|---|
| Mergel 655,951 – 656,300 m | 32,7 | 225 | | 0,8181 | 1,4024 | | 7,16 | 85,04 | |
| Mergel – 658,700 m | 192,3 | | | 1,5017 | | | 77,80 | | |
| *Bohrung Lubin* | | | | | | | | | |
| Mergel 600,581 – 601,199 m | 61,8 | | 291,9 | 0,33 | | 1,40 | 5,50 | | 101,14 |
| Tonschiefer, Kalkstein – 601,870 m | 67,1 | 230,1 | | 3,67 | 1,69 | | 61,07 | 95,64 | |
| Sandstein – 603,500 m | 163,0 | | | 0,88 | | | 34,57 | | |

Für die *Bohrung Wschowa* wird die erzführende Schicht mit 17 cm Mächtigkeit und einem Gehalt von 1,94% Kupfer angegeben.

## Die Lagerungsverhältnisse

Der Zechstein in Südbrandenburg bildet großräumig gesehen die Nord- bzw. Nordwestbegrenzung eines nach Nordwesten vorspringenden Gebirgssporns, des Lausitzer Gebirgsvorsprunges, der ähnlich wie der weiter östlich in Polen liegende Subsudetische Wall aus überwiegend altpaläozoischen Gesteinsmassen aufgebaut ist.

Der Kupferschiefer und z. T. auch sein Hangendes und Liegendes am Nordostrand des Subsudetischen Walles bei Lubin und Sieroszowice sind nach WYŻYKOWSKI bauwürdig auf Kupfererze. Nach T. PŁODOWSKI (1958) bedeckt die neuentdeckte Kupferlagerstätte ein Gebiet von ca. 30 km². In Reinkupfer ausgedrückt sollen die Vorräte bei einem Gehalt von über 1% und teilweise sogar bis 1,5% etwa 6 Millionen Tonnen betragen. Wie PŁODOWSKI (1958) weiterhin erwähnt, würden jedoch vom Gesichtspunkt der Gewinnungstechnik aus betrachtet eine große Anzahl überwiegend stark wasserführender Störungen große Schwierigkeiten verursachen.

Ähnlich wie die Lagerungsverhältnisse am Nordostrand des Subsudetischen Walles durch Störungen kompliziert sind, ist dies auch am Nordostrand des Lausitzer Gebirgsvorsprunges durch den Lausitzer Hauptabbruch der Fall, dessen Fortsetzung östlich der Neiße in südöstlicher Richtung auf die Störungen hinweist, die z. T. die Südwestbegrenzung der Nordsudetischen Kreidemulde bilden. Südlich und südöstlich der Nordsudetischen Kreidemulde trifft die Störungszone spitzwinklig auf den Sudetenrandbruch, der teilweise den Subsudetischen Wall im Südwesten begrenzt. Zwischen dem südöstlichen Teil des Lausitzer Hauptabbruches und dessen südöstlicher Fortsetzung einerseits und dem Sudetenrandbruch andererseits liegt als Depressionszone die Nordsudetisch-Lausitzer Kreidemulde.

## Zusammenfassung

Faziell gesehen weist die Werra-Serie am Nordostrand des Subsudetischen Walles und des Lausitzer Gebirgsvorsprunges große Ähnlichkeiten auf. So sind in den küstennäheren Bereichen Kupferschiefer bzw. -mergel, Bleimergel und Hauptkalk bzw. Dolomit entwickelt. Die Mächtigkeiten von Kupferschiefer bzw. -mergel, Bleimergel und Hauptkalk bzw. Dolomit sind umgekehrt proportional den Mächtigkeiten des Werra-Anhydrits; d. h. mit Annäherung an den Rand des Zechsteinmeeres nimmt der Anteil an karbonatischem und klastischem Gesteinsmaterial stark zu, während in weiterer Entfernung von der Küste der Anhydritanteil ansteigt und der Karbonatanteil abnimmt. Im niederschlesischen Gebiet, in der Haaseler und Gröditzer Mulde, dürfte der Werra-Anhydrit primär gar nicht zur Ablagerung gekommen sein. Bleimergel und Hauptkalk bzw. Dolomit dürften stratigraphisch dem mitteldeutschen Zechsteinkalk entsprechen.

Die guten Erfolge der Sucharbeiten auf Kupfererze bei Lubin und Sieroszowice berechtigen zu der Hoffnung, daß auch bei uns am Nord- und Nordostrand des Lausitzer Gebirgsvorsprunges neben den bereits nachgewiesenen Blei- und Zinkerzanreicherungen ähnliche bauwürdige kupferreiche Lagerstätten vorhanden sein könnten.

## Literatur

EISENTRAUT, O.: Der niederschlesische Zechstein und seine Kupferlagerstätte. – Archiv für Lagerstättenforschung, Heft 71, Berlin 1939.

KÖLBEL, F.: Das Prätertiär der Struktur von Mulkwitz bei Spremberg nordöstlich des Lausitzer Hauptabbruches. – GEOLOGIE, Bubnoff-Festschrift, Jg. 7, H. 3–6, Berlin 1958.

LOTZE, F.: Steinsalz und Kalisalze. – STUTZER: Lagerstätten der Nichterze, 3, Berlin 1938.

PLODOWSKI, T.: Kupfererzbau. – PRZEGL. GEOL., 6, Nr. 2 (59), S. 96, Warszawa 1958.

RICHTER-BERNBURG, G.: Zwei Beiträge zur Fazies, Tektonik und Kupferführung des Zechsteins: I. Waldeck, II. Nordsudeten. – Geologisches Jahrbuch f. d. Jahr 1949, Bd. 65, S. 145–212, Hannover 1951.

SCHÜLLER, A.: Mikroskopische Untersuchung und geologische Deutung der Kupferschieferbohrungen Spremberg 13 E/57 und 3/54. – GEOLOGIE, Bubnoff-Festschrift, Jg. 7, H. 3–6, Berlin 1958.

TOKARSKI, A.: Poszukiwawcze zadania wiercenia Mogilno 1 (Prospektionsaufgaben der Bohrung Mogilno 1) – Nafta, Katowice, 14, Nr. 1, S. 4–12, 4 Abb., 1 Tab., Katowice 1958.

WYŻYKOWSKI, JAN: Poszukiwania rud miedzi na obszarze strefy przedsudeckiej (Sucharbeiten auf Kupfererze im Gebiete der Subsudetischen Zone). – PRZEGL. GEOLOGICZNY, 6, Nr. 1, S. 17–22, Warszawa 1958.

ZIMMERMANN, E.: Analyse von Proben aus dem Zechstein aus der Bohrung Bornsdorf bei Luckau. – Archiv der Staatl. Geol. Komm., unveröffentlicht. Breslau, 26. 10. 1936.

ZIMMERMANN, E.: Bohrung Bornsdorf, Schichtenverzeichnis. – Archiv der Staatl. Geol. Komm., Febr. 1921.

# Die Anforderungen der Industrie an Eisenerzlagerstätten in der Sowjetunion

HORST ULBRICH, Berlin

## 1. Einleitung

In der sowjetischen Instruktion über die Anwendung der Vorratsklassifikation auf Eisenerzlagerstätten, die 1956 bestätigt wurde, nimmt der Abschnitt über „Anforderungen der Industrie" einen breiten Raum ein. In Vorbereitung der Instruktion zur Anwendung der Vorratsklassifikation auf Eisenerzlagerstätten der DDR, die z. Z. von der ZVK erarbeitet wird, unternimmt es der Verfasser, einen Überblick über die sowjetischen Eisenerzlagerstätten zu geben und dabei besonders jene Fragen zu streifen, die mit den sog. Industriekonditionen im Zusammenhang stehen.

## 2. Übersicht über die sowjetischen Eisenerzlagerstätten

Eisen ist eines der verbreitetsten Elemente der Erdkruste und geht in den Bestand einer großen Menge von Mineralien ein; verhältnismäßig wenige von ihnen erscheinen jedoch erzbildend. Zu den bekannten Erzmineralien des Eisens gehören: *Magnetit* $FeO \cdot Fe_2O_3$ (72,4% Fe); *Titanomagnetit* – Magnetit, der $TiO_2$ in fester Lösung enthält oder isomorph beigemengt, auch als *Ilmenit* $FeTiO_3$ bekannt ist (als Begleitelement erscheint häufig auch Vanadium); *Magnomagnetit* (Fe, Mg) $O \cdot Fe_2O_3$. *Hämatit* $Fe_2O_3$ (70% Fe) oder Roteisenerz; *Martit* – Pseudomorphose des Hämatits nach Magnetit; *Hydrohämatit* $Fe_2O_3 \cdot nH_2O$, $n < 1$ (63–69% Fe); *Goethit* $Fe_2O_3 \cdot H_2O$ (62,9% Fe). *Hydrogoethit* $Fe_2O_3 \cdot nH_2O$, $n > 1$ (bis 3) (53–62% Fe) oder Brauneisenerz; Varietäten des Brauneisenerzes sind Turgit, Limonit[1]), Xantosiderit, Limnit; *Siderit* oder Spateisenstein $FeCO_3$ (48,2% Fe). Eisenchlorite – *Chamosit*, *Thuringit*, *Strigovit* u. a., sind wasserhaltige Eisenaluminiumsilikate von wechselnder Zusammensetzung. Die hier aufgezählten Eisenmineralien bilden entweder durchweg Vorkommen mit unbedeutenden Mengen an Nichterzmineralien, die deutlich von den umgebenden Gesteinen abgesondert sind (Reicherze) oder sie stellen einen mehr oder weniger wesentlichen Teil der Erze dar, bei denen die Nichterzmineralien überwiegen (sog. Armerze).

[1]) Der Ausdruck „Limonit" wird gegenwärtig als Sammelbegriff für die Hydroxyde des 3-wertigen Eisens verwendet. Die früher selbständigen Mineralien Turgit, Limonit, Xantosiderit und Limnit sind – wie durch röntgenographische, optische, thermische u. a. Untersuchungsmethoden festgestellt wurde – feindisperse Mischungen von Goethit, Hydrogoethit, Hämatit, Hydrohämatit u. a.

Nach dem vorherrschenden Erzmineral lassen sich folgende industrielle Typen von Eisenerzen unterscheiden:

1. magnetitische und titanomagnetitische Eisenerze,
2. hämatitische und hydrohämatitische Eisenerze,
3. hydrogoethitische oder Brauneisenerze,
4. sideritische Eisenerze oder Karbonaterze und
5. silikatische Eisenerze.

In manchen Lagerstätten können sich die industriellen Typen überschneiden. So tritt in der Oxydationszone der Karbonaterze der Typ der Brauneisenerze auf.

Während in der DDR vor allem die Brauneisenerze sowie hämatitische und silikatische Eisenerze wirtschaftliche Bedeutung erlangt haben, besitzen die o. a. 5 Typen von Eisenerzen in der Sowjetunion in ihrer Gesamtheit Bedeutung.

Die Eisenerzlagerstätten der SU (s. Karte) können nach ihrer Genese eingeteilt werden in:

#### Magmatische Lagerstätten

Sie sind vertreten durch eingesprengte und feinschlierige Absonderungen vanadiumhaltiger Titanomagnetite in pegmatoiden Zonen von Gabbro- und Pyroxenitintrusivkomplexen (Lagerstätten von Katschkanarsk und Perwouralsk), durch gangförmige Lager vanadiumhaltiger Ilmenit-Magnetiterze in Gabbro-Amphiboliten (Kusinsker Lagerstätte) und durch eine Reihe linsen- und gangförmiger Magnetitkörper in Apatit- und Olivingesteinen (Eno-Kofdorsker Lagerstätte).

#### Kontaktmetasomatische (Skarn-)Lagerstätten

Diese sind genetisch gebunden an Intrusionen verschiedener Granitoide, die in Karbonat- und Effusivgesteine eingedrungen sind. Die Vererzung erfolgt in Form von Skarnerzen (Magnetite), die komplizierte schicht- bis linsenartige Ausbildung haben. Als typische Lagerstätten sollen hier genannt werden: Gora Wyssokaja, Gora Blagodatj, Gora Magnitnaja, Sokolowskoje, Sarbaiskoje, Gornoschorsk (Scheregeschker, Schalmyker Revier u. a.).

#### Hydrothermale Lagerstätten

Von diesem Typ lassen sich 2 Arten unterscheiden, und zwar die sideritischen Eisenerze (in den oberen Zonen oxydiert), die in Form von Gängen oder linsenartigen Lagern auftreten und an Bruchzonen in den kambrischen und silurischen Karbonatgesteinen gebunden sind (Lagerstätten von Abailsk), und die Magnomagnetiterze der Lagerstätten von Angaro-Ilimsk, die genetisch an die Trappergüsse geknüpft sind und gang- bis stockförmig auftreten.

#### Verwitterungslagerstätten

Diese Lagerstätten können unterteilt werden in sog. „Restlagerstätten" und deszendente oder Infiltrationslagerstätten. Die Restlagerstätten stellen die unlöslichen Produkte der chemischen Verwitterung dar und bestehen vorwiegend aus Ansammlungen von Hydroxyden und Hydrosilikaten. Die Braun- und Roteisenerze zeichnen sich durch Beimengungen von Legierungskomponenten wie Nickel, Kobalt, Chrom und Mangan aus. Restlagerstätten sind in der Verwitterungszone von Serpentiniten verbreitet und treten in Form von horstförmigen oder schichtförmigen Lagern mit unregelmäßigen Umrissen auf (Lagerstätten dieser Art sind im Ural verbreitet: Akkermanowsk III, Jelisawetinsk, Kungursk und Anatolsk).

Zu den Verwitterungsrestlagerstätten gehören auch die flözförmigen Vorkommen reicher Siderit-Martit-Erze, die sich an der Oberfläche alter Eisenquarzite gebildet haben (Lagerstätten von Michailowsk, Lebedjansk und Korobkowsk im Gebiet der Kursker Anomalie).

Den Lagerstättentyp der Infiltrations- oder eluvialmetasomatischen Lagerstätten trifft man in Form von Hydrogoethiterzen (seltener Sideriterzen) unter Schichten lockerer Ablagerungen an der Oberfläche von Kalken und Dolomiten. Die Erzkörper haben schicht- und netzartige Formen. Vorkommen dieser Art sind verbreitet im Ural in den Erzbezirken von Alapajewsk, Sinaro-Kamensk, Serowsk, Bilimbajewsk, Tscheljabinsk und Nowo-Orsk.

#### Sedimentäre Lagerstätten

Die größten Lagerstätten, die sich in den Meeresbecken der Kreide und Tertiärzeit gebildet haben und nur schwach gestört sind, werden heute als flözförmige Brauneisenerzlager und Siderite in dem Gebiet von Ajatsk und Kertsch abgebaut. Im Vergleich zu diesen marinen Eisenerzlagerstätten haben die in sumpfigen Seebecken gebildeten Lagerstätten bedeutend kleinere Dimensionen. Hierzu gehören die Brauneisenvorkommen bei Tula und Lipetsk und die Lagerstätten Bilimbajewsk, Kiselowsk, Languro-Samsk u. a. im Ural.

Die känozoischen Lagerstätten von oolithischen Brauneisenerzen haben große wirtschaftliche Bedeutung und zeichnen sich vor allem durch ihre große Ausdehnung aus (Lagerstätte von Lisakowsk).

#### Metamorphe Lagerstätten

Sie haben die größte industrielle Bedeutung. Bekannt sind die großen Vorkommen von metamorphen präkambrischen Schichten der Magnetit- und Hämatitquarzite von Kriwoi Rog, Krementschug, Kursk, Karelische ASSR, Halbinsel Kola, Kimkanskoje im Fernen Osten u. a. Inmitten dieser Eisenquarzite sondern sich Partien hochqualitativer Hämatiterze ab, die im Ergebnis von Vorgängen entstehen, die die Kieselsäure herauslösen.

### 3. Die Anforderungen der Industrie an Eisenerze

Zur Bewertung der Qualität von Eisenerzen, die zur Verhüttung vorgesehen sind, werden folgende Eigenschaften untersucht:

a) der Fe-Gehalt,
b) der Gehalt an Nichterzkomponenten,
c) der Gehalt an schädlichen Beimengungen und
d) der Gehalt an nützlichen Beimengungen.

Nach dem *Fe-Gehalt* werden reiche und arme Eisenerze unterschieden. Reicherze erfordern im Gegensatz zu den Armerzen keine Anreicherung, wenn der Fe-Gehalt bei Magnetit- und Hämatiterzen nicht unter 50%, bei Hydrogoethiterzen 45% und mehr, und bei leichtschmelzenden Sideriterzen mehr als 30% beträgt. Zu den armen Eisenerzen zählen u. a. die Eisenchloriterze.

Der *Gehalt an Nichterzkomponenten*, d. h. der Gehalt an Kieselsäure, $Al_2O_3$, CaO und MgO (sog. schlackenbildende Komponenten) ist wichtig für die Qualitätsbewertung der Eisenerze. Herrschen z. B. $SiO_2$ und $Al_2O_3$ vor (sog. saure Erze), so ist zur Verschlackung der Zusatz von Kalkstein erforderlich, umgekehrt beim Vorherrschen von CaO und MgO müssen saure Zuschläge gegeben werden. Sind in den Erzen $TiO_2$ und Oxyde des Bariums, Natriums und Kaliums vorhanden, so müssen ihre Mengen in der Gesamtbilanz des Erzbestandes berücksichtigt werden, da sie einen Einfluß auf den optimalen Schlackenbestand haben.

Zu den *schädlichen Beimengungen*, die die Qualität des Roheisens senken und die feuerfeste Auskleidung der Hochöfen zerstören können, gehören Schwefel, Phosphor, Arsen, Zinn, Zink, Blei und Kupfer.

Der *Schwefel* kann aus dem Roheisen bei der Stahlherstellung nur mit großen Schwierigkeiten entfernt werden. Der größte Teil geht in den Stahl über und vergrößert bei der Bearbeitung des Stahles die Rißbildung. Daher sind die Anforderungen an den Schwefelgehalt der Erze sehr streng (er darf 0,3% des Erzes nicht übersteigen). Der Schwefelgehalt im Erz hängt auch weitestgehend vom Gehalt an Schwefel im Koks ab.

Der *Phosphor* geht beim Hochofenprozeß zu 95% in das Roheisen über, kann jedoch bei der Stahlherstellung (Thomas-Konverter-Verfahren) teilweise entfernt werden. Der erhöhte P-Gehalt macht den Stahl bei gewöhnlichen Temperaturen spröde (Kältebrüchigkeit!).

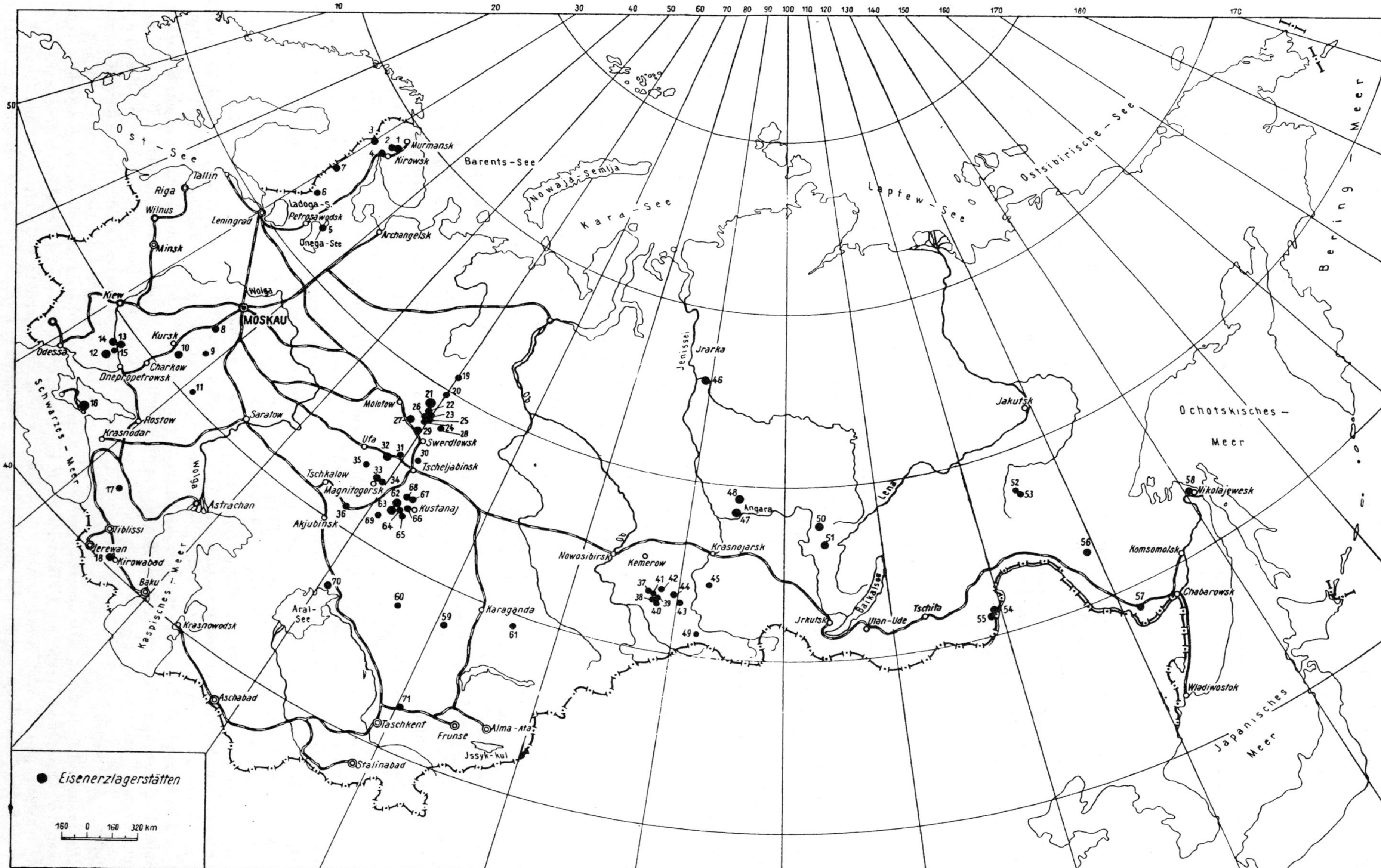
Eisenerzlagerstätten
160 0 160 320 km
Ost-See
Barents-See
Nowaja Semlja
Kara-See
Laptew-See
Ostsibirische-See
Bering-Meer
Ochotskisches-Meer
Japanisches Meer
Schwarzes-Meer
Kaspisches-Meer
Aral-See
Ladoga-S.
Onega-See
Baikalsee
Jssyk-kul
Wolga
Ob
Jenissei
Jrarka
Angara
Lena
Murmansk
Kirowsk
Archangelsk
Petrosawodsk
Leningrad
Tallin
Riga
Wilnus
Minsk
Kiew
Odessa
MOSKAU
Kursk
Charkow
Dnepropetrowsk
Rostow
Krasnodar
Saratow
Astrachan
Tiblissi
Jerewan
Kirowabad
Baku
Krasnowodsk
Aschabad
Molotow
Swerdlowsk
Ufa
Tscheljabinsk
Tschkalow
Magnitogorsk
Kustanaj
Akjubinsk
Karaganda
Taschkent
Frunse
Alma-Ata
Stalinabad
Nowosibirsk
Kemerow
Krasnojarsk
Jrkutsk
Ulan-Ude
Tschita
Jakutsk
Komsomolsk
Chabarowsk
Nikolajewsk
Wladiwostok

*Arsen* verschlechtert die Fließbarkeit des Stahles, erhöht die Kälte- und Rotbrüchigkeit. Die Entfernung des Arsens ist schwierig, darum ist es eine sehr schädliche Beimengung und darf 0,07% des Erzes nicht übersteigen.

*Zinn* löst sich im Roheisen und geht in den Stahl über. Es erhöht die Sprödigkeit des Stahles. Der Gehalt an Zinn im Erz darf 0,08% nicht übersteigen.

*Zink* sublimiert zwar beim Hochofenprozeß, oxydiert aber danach unmittelbar im Hochofen. Das Vorhandensein von Zinkoxyden fördert die Bildung eines Belages und die Zerstörung der feuerfesten Auskleidung. Der Gehalt an Zink in den Eisenerzen darf 0,1% nicht überschreiten.

*Blei* sammelt sich im Hochofen an und kann die Ofenauskleidung durchbrechen und somit den Ofen außer Betrieb setzen. Bei Pb-Gehalten > 0,1% müssen besondere Einrichtungen zum öfteren Ablassen des geschmolzenen Bleis vorhanden sein.

*Kupfer* verschlechtert die Qualität des Roheisens in kleinen Mengen nicht. Treten Erze mit Cu-Gehalten > 0,2% auf, so werden sie ausgesondert, da aus Cu-haltigem Roheisen hergestellter Stahl eine geringe Fähigkeit zur mechanischen Bearbeitung besitzt.

Die *Gehalte an nützlichen Beimengungen* — z. B. Chrom, Nickel, Kobalt, Vanadium, Mangan — beeinflussen wesentlich die Qualität des Roheisens, da diese Beimengungen, die in den Stahl übergehen, in gewissen Grenzen seine Eigenschaften veredeln und so die Möglichkeit zur Herstellung von Spezialstählen bieten, ohne daß Stahlveredler zugesetzt zu werden brauchen.

**Übersichtskarte der hauptsächlichsten Eisenerzlagerstätten der UdSSR (Lagerstätten, Gebiete und Reviere)**

Lagerstätten im Nordwesten und auf der Halbinsel Kola (1–4): 1 – Olenegorsk; 2 – Kirowograd; 3 – Ensko-Kofdorsk; 4 – Afrikanda.

Lagerstätten der Karelischen ASSR (5–7): 5 – Putoschgorsk; 6 – Meschosern; 7 – Kostamukschsk.

Lagerstätten im Zentrum (8–11): 8 – das Gebiet um Tula; 9 – das Lipetzker Gebiet; 10 – die Kursker Magnetische Anomalie (KMA); 11 – das Kopersker Eisenerzgebiet.

Lagerstätten im Süden (12–16): 12 – Revier Kriwoi Rog; 13 – Krementschug; 14 – Gorischenje Plawjensk; 15 – Popelnastowsk; 16 – Revier Kertsch.

Lagerstätten im Kaukasus und Transkaukasien (17–18): 17 – Malkinsk; 18 – Daschkesan.

Lagerstätten im Ural (19–36): 19 – Lagerstätten der Norderzgruben; 20 – der Bogeslaw-Komplex; 21 – Katschganarsk; 22 – Gora Blagotatj; 23 – Ossokino-Alexandrow; 24 – Gora Wissokaja; 25 – Ljebjaschinsk; 26 – Estjuminsk; 27 – Wisimsk; 28 – das Alapajewsker Eisenerzgebiet; 29 – Perwouralsk; 30 – Tetschensk; 31 – Kusino; 32 – der Bakalsker Komplex; 33 – Gora Magnitnaja; 34 – Gora Kleiner Kuibas; 35 – Sigasino-Komarowsker Komplex; 36 – Orsko – Chalilowsker Komplex.

Lagerstätten Westsibiriens (der sog. Gebirgswüstenkomplex, 37 bis 42): 37 – Temir Tau; 38 – Taschtagol; 39 – Scheregesch; 40 – Malimsk; 41 – der Kasker Komplex; 42 – der Taschelginsker Komplex.

Lagerstätten des Krasnojarsker Gebietes und des Tuwinsker Autonomen Gebietes (43–49): 43 – Abbakan; 44 – Teusk; 45 – der Irbinsk-Komplex; 46 – der Nischne-Tungisker Lagerstättenbezirk, 47 – Nischne-Angarsk; 48 – Ischimbinsk; 49 – Karasuk.

Lagerstätten Ostsibiriens (50–55): 50 – Rudnogors; 51 – Korschinow; 52 – Siwaginsk; 53 – Tajeschno; 54 – Beresowsk; 55 – das Eisengebirge.

Lagerstätten im Fernen Osten (56–58): 56 – Garinsk; 57 – Kimkanskoje; 58 – Nikolajew.

Lagerstätten Kasachstans (59–71): 59 – der Atasuisker Komplex; 60 – der Karsakpaisker Komplex; 61 – der Ken-Tuba-Togaisker Komplex; 62 – das Ajatsker Eisenerzrevier; 63 – Lisakowsk.

Lagerstätten des Kustanaisker Komplexes (64–68): 64 – Kosirewsk; 65 – Kurschinkulsk; 66 – Sokolow; 67 – Sarbaisk; 68 – Katscharsk; 69 – der Dschetigarinsker Komplex; 70 – der Priaralsker Komplex; 71 – Abail.

Tabelle 1

| Erzarten | Lagerstätte | Gehalt in % Fe nicht | SiO₂ unter | S nicht | P über | Bemerkungen |
|---|---|---|---|---|---|---|
| *a) Hochofenerze* | | | | | | |
| Magnetite, Martite u. Hämatite | Kriwoj Rog Krementschug | 50 | – | – | – | $SiO_2$ nicht höher als 10% |
| | Michailowsker Abschnitt, KMA | 45 | 25 | 0,3 | 0,3 | |
| | Gora Magnitnaja Gora Blagotatj | 50 | – | 0,15 | 0,15 | |
| | Sewernoje | 50 | – | 0,5 | 0,35 | |
| Hydrogoethit | Kriwoj Rog Krementschug | 40 | – | – | – | Arsen nicht über 0,05% |
| | Alapajewsk, Tulsk | 37 | 30 | – | – | |
| | Abailsk | 45 | – | 0,1 | 0,05 | |
| Siderite | Bakalsk | 25 | 9 | – | – | |
| | Abailsk | 30 | – | 3,0 | – | |
| *b) Siemens-Martin-Erze* | | | | | | |
| Martite u. Hämatite | Kriwoj Rog | 58 | 14 | – | – | |
| | Krementschug | 56 | – | 0,15 | – | |
| | Gora Magnitnaja | 55 | – | 0,15 | 0,15 | |
| | Gora Wyssokaja | 55 | – | 0,15 | 0,25 | |
| Magnetite Hydrogoethite | Sewernoje | 55 | – | 0,15 | 0,15 | |
| | Garinsk | 55 | – | 0,15 | 0,15 | |
| | Bakalsk | 52 | – | 0,05 | 0,05 | |

*Chrom* und *Nickel* gehen im Hochofen unter reduzierenden Bedingungen bis zu 90% in das Roheisen über. Bei Chromgehalten über 2% im Erz treten Schwierigkeiten auf, da Roheisen mit hohem Cr-Gehalt sich schlecht weiterverarbeiten läßt. Besonders Chrom-Nickel-Roheisen gewinnt man aus Erzen, die ein CrNi-Verhältnis von 1,5 : 1 nicht übersteigen. Cr und Ni steigern die Haltbarkeit des Stahls, so daß Cr-Ni-Stähle weitgehende Verwendung im Maschinenbau finden.

*Kobalt* ist eine nützliche Beimengung, aber seine gewöhnlichen Gehalte in den Eisenerzen sind unbedeutend und besitzen keinen Einfluß auf das aus ihnen ausgeschmolzene Roheisen. Gehört Kobalt zu sulfidhaltigen Mineralien, die bei der Anreicherung der Fe-Erze in die Rückstände gehen, so ist es auf dem Wege des Schwimmverfahrens möglich, aus den Rückständen Konzentrate mit genügend hohemCo-Gehalt zu erhalten.

*Vanadium*-Gehalte sind erwünscht und gehen zu 85% beim Hochofenprozeß in das Roheisen über.

*Mangan*-Gehalte in Eisenerzen werden mit 1,1% als normal bezeichnet und gehen zu 70% bei der Verhüttung in das Roheisen über.

Die verbreitetste Weise der Stahlerzeugung aus Roheisen ist das Siemens-Martin-Verfahren. Es eignet sich für verschiedene Roheisensorten und läßt die gleichzeitige Verwendung von Stahlschrott und Erzen in einer Charge zu. Erze, die beim Siemens-Martin-Verfahren als Zuschlag in das Bad des „konsistenten Kohlenwasserstoffes" gegeben werden, bezeichnet man als Martinerze. Sie müssen einen hohen Fe-Gehalt (über 55%) besitzen, frei von schädlichen Beimengungen und stückig sein (Korngröße 6 mm, nicht weniger als 70%). Besonders geschätzt werden Martit-Martinerze. Der Kieselsäuregehalt darf 14%, der Gehalt an Schwefel 0,15% und an Phosphor 0,15% nicht überschreiten. Kupfer-, Arsen-, Zink-, Blei-, Nickel- und Chromgehalte sind unerwünscht und dürfen 0,04% nicht überschreiten.

In Tabelle 1 sind einige industrielle Konditionen für Eisenerze unter Berücksichtigung der Erzarten und Lagerstätten der Sowjetunion dargestellt.

Gegenwärtig erfährt die Aufbereitung der Eisenerze eine weitgehende Entwicklung. Dadurch werden nicht nur die Fe-Gehalte weitgehend angereichert, sondern auch die anderen nutzbaren Komponenten der komplexen Erze weitestgehend extrahiert und so z. B. Konzentrate von Ilmenit, Kobaltpyrit, Cu-haltigen Sulfiden, Apatit, Fluorit und Baryt gewonnen.

Bei der Anreicherung der Eisenerze sind folgende Vorgänge zu unterscheiden: Zerkleinerung, Absiebung, trockene und nasse elektromagnetische Trennung, wobei einleitende Verfahren wie magnetisierendes Rösten, Schweremethode und Flotation angewendet werden.

Der Anreicherungsvorgang läßt sich nach folgender Formel darstellen:

$$E = \frac{p \cdot \beta}{\alpha} \text{ in } \%$$

dabei sind:

$E$ = das Metallausbringen in %,
$\alpha$ = der Metallgehalt im Ausgangserz,
$\beta$ = der Metallgehalt in Konzentration,
$p$ = das Gewichtausbringen des Konzentrates.

Aus den Kennwerten ergibt sich die Wahl des Anreicherungsschemas. Am rationellsten sind die Anreicherungsschemata, in denen das Metallausbringen aus dem Konzentrat auf Kosten des Metallgehaltes der Konzentrate und nicht des Gewichtsausbringens zunimmt. Durch die Anwendung der trockenen und nassen magnetischen Trennung erhält man z. B. bei armen Magnetiterzen mit einem Gehalt von etwa 25% Fe im Ausgangserz noch hochqualitative Konzentrate. Hämatitische, hydrohämatitische und hydrogoethitische Erze geben mehr oder weniger zufriedenstellende Kennwerte bei der elektromagnetischen Trennung nur dann, wenn die Apparate mit hoher Intensität des Magnetfeldes arbeiten. Hier verbessert allerdings die magnetisierende Röstung der Erze das Metallausbringen. Die tonigen hydrogoethitischen und hämatitischen Erze reichern sich gut durch eine Wäsche an. Die Setzarbeit in Schweretrüben sowie die Flotation ergeben bei günstiger textureller Ausbildung der Hämatiterze gute Resultate. Die Hämatit-Eisenquarzite, eisenhaltige Chlorite u. a. Erze aus metamorphen Lagerstätten erfordern die

Tabelle 2

| Erzarten | Lagerstätte | Mindestgehalt % Fe | Bemerkungen |
|---|---|---|---|
| Magnetite | Gora Blagodatj<br>Magnitnaja<br>Sarbaisk<br>Nord-Ural | 30 | Außerbilanzvorräte von 20–30% |
| | Temir Tau, Taschtagol,<br>Scheregesch<br>Schalimsk<br>Akabamsk | 27 | Außerbilanzvorräte von 20–27% |
| Titanomagnetite | Kusino | 25 | Außerbilanzvorräte von 20–25% |
| Hämatite<br>Martite | Kriwoj Rog<br>Krementschug | 46 | – |
| Eisenhaltige Magnetitquarzite | Kriwoj Rog<br>Krementschug<br>KMA | 25 | – |
| Hydrogoethite | Lipetzk, Bakalsk | 30 | – |

Anwendung komplizierter Anreicherungsverfahren, meistens wird nach Vorbehandlung der Erze durch das magnetisierende Rösten die Magnetscheidung in Anwendung gebracht; die sich anschließende Flotation ergibt Konzentrate, die agglomeriert werden müssen. Bei diesem Verfahren ist es notwendig, daß der Fe-Gehalt im Ausgangserz nicht unter 35% liegt.

In Tabelle 2 werden die industriellen (konditionellen) Fe-Gehalte der einzelnen Lagerstätten angeführt, die mindestens vorliegen müssen, wenn eine Anreicherung der Erze vorgenommen werden soll.

Die Wahl des Aufbereitungsschemas hängt nicht nur vom Mineralbestand der Erze und dem Fe-Gehalt, sondern auch von ihren strukturellen Besonderheiten ab.

So ist z. B. für Imprägnationserze eine Zerkleinerung auf 0,2–0,1 mm notwendig. Die feinkörnigen Anreicherungskonzentrate und das Feinerz können nicht sofort in den Hochofen gegeben werden, sondern müssen vorher stückig gemacht werden. Das geschieht durch Sinterung oder Agglomeration. Dadurch ist gleichzeitig auch ein anderes wichtiges Problem gelöst, die Ausnutzung von Erzen mit erhöhtem Gehalt an Sulfidschwefel (0,3–2%), der bei der Sinterung verbrennt.

# Probleme der Erdölgenese

Thesen zum Vortrag auf der Jubiläumssitzung des Gelehrten Rates des Wissenschaftlichen Forschungsinstituts für Erdölerkundung der UdSSR (WNIGRI) anläßlich des 40. Jahrestages der Großen Sozialistischen Oktoberrevolution

N. B. WASSOJEWITSCH, Leningrad[1])

1. Wenn man im Lichte der neuesten Erfolge der Geologie und Geochemie des Erdöls die Entwicklung der theoretischen Vorstellungen über die Erdölgenese und die Evolution der Ansichten hinsichtlich der Kriterien zur Einschätzung der Höffigkeit bestimmter Gebiete betrachtet, die ein weiteres Mal die Richtigkeit des dialektischen Gesetzes zur Entwicklung der menschlichen Kenntnisse nach dem Prinzip: vom *Einzelnen* zum *Besonderen*, und vom *Besonderen* zum *Allgemeinen* bestätigen, können wir feststellen, daß es in der Gegenwart möglich ist, unsere Aussagen über die Genese des Erdöls auf eine höhere Stufe, nämlich die Stufe der Allgemeingültigkeit, zu erheben.

2. Die Hypothese über die Bildung des Erdöls, das am Anfang in disperser Form in den Sedimenten vorliegen soll, entstand vor mehr als einem halben Jahrhundert und sie entwickelt sich seither unentwegt und wird durch neue Tatsachen bereichert. Die in den letzten Jahren sowohl in der UdSSR als auch im Aus-

[1]) Der Vortrag wurde am 4. Februar 1958 gehalten.

land durchgeführten Untersuchungen gestatten die Behauptung, daß die Bildung der Kohlenwasserstoffe vom Erdöltyp (Mikronaphtha) ein weit verbreiteter und vollkommen obligatorischer Vorgang ist, der einen Spezialfall der ,,Bitumen"bildung darstellt (Bitumina sind solche Stoffe, die mit $CS_2$, $CHCl_3$ und anderen organischen Lösungsmitteln extrahiert werden können[2]); der Vorgang der Bitumenbildung ist *seinerseits ein Sonderfall* der Fossilisierung der organischen Substanz von beliebiger Natur in allen Wasserbecken, zumindestens im Verlauf der letzten 500—600 Millionen Jahre.

3. ,,Erdöle und natürliche Kohlen sind verschiedene Glieder eines einheitlichen Naturvorganges, nämlich des Vorgangs der Zerstörung abgestorbener Organismen unter Wasser ohne Zutritt freien Sauerstoffs" (W. I. WERNADSKIJ 1927). Man kann von einer Einheit des Prozesses der Kohle- und Erdölbildung sprechen, wenn man unter dem Begriff ,,Kohle" überhaupt jede kohlige Substanz unabhängig von ihrer Konzentration und unter ,,Erdöl" das primäre diffuse Erdöl versteht.

Jede beliebige organische Substanz, die subaquatisch (ferner in bestimmten Böden) eingebettet wird, bildet den Ausgangspunkt sowohl für das kohlige Material (welches dominierend ist) als auch für das Mikronaphtha (das nur einen geringfügigen Anteil des organischen Materials ausmacht). Mit anderen Worten: es wird immer gleichzeitig Material akkumuliert, das als Ausgangsmaterial sowohl für Kohle als auch für Erdöl dienen kann. Für die Bildung der eigentlichen Kohle sind jedoch primäre Konzentrationen des organischen Materials erforderlich; zur Bildung des Erdöls bedarf es sekundärer Akkumulationen flüssiger hydrophober Produkte, die bei der Fossilisation der organischen Substanz entstehen.

Disperses organisches Material gibt es in den Gesteinen der Stratisphäre mindestens 1000mal mehr als konzentriertes. Bereits dieser eine Umstand bestätigt die außerordentlich dominierende Rolle gerade des dispers verteilten organischen Materials bei der Bildung von Erdölkohlenwasserstoffen.

4. Die meisten Sedimentgesteine (über 75%) enthalten organische Substanz. Der Clarke-Gehalt des organischen Kohlenstoffs in der Stratisphäre liegt bei 0,8%, d. h. in 1 $m^3$ Gestein sind etwa 15—20 kg $C_{org}$ vorhanden, und die Menge des organischen Kohlenstoffs in der Stratisphäre liegt dann in der Größenordnung von $n \cdot 10^{15}$ Tonnen.

Ein bestimmter Anteil der organischen Substanz, gewöhnlich 1—5%, besteht *immer* aus Bitumenoiden (chloroformlöslich); ihre außerordentlich weite Verbreitung in der Sedimentdecke der Erdkruste ist durch Tausende von lumineszenzbitumenologischen Analysen belegt. Die Gesamtmasse dieser Bitumenoide in der Stratisphäre geht über $n \cdot 10^{13}$ t hinaus; dies übertrifft alle Erdölvorräte um ein Vielfaches.

In allen Fällen enthalten die Bitumenoide der Sedimentgesteine Kohlenwasserstoffe (meist zu einem Anteil von 10—40% oder etwa 50—300 g pro 1 $m^3$ Gestein) sowie Asphalt-Harz-Substanzen, d. h. jene Komponenten, aus denen das Erdöl besteht. Die Gesamtmenge der in der Stratisphäre dispers verteilten Kohlenwasserstoffe übersteigt $n \cdot 10^{12}$ t.

5. Der sehr geringe Gehalt an Bitumina in den Gesteinen, und um so mehr noch der sehr geringe Gehalt an Kohlenwasserstoffen, bildet einen der Steine des Anstoßes auf dem Wege zur Erkenntnis des Wesens der Erdölgenese.

Eine Anzahl von Autoren, die Hypothesen der Erdölbildung entwickelten, betrachtete die organische Substanz in den Gesteinen im ganzen, als chemisch homogene Masse, die sich nicht in Einzelkomponenten, die chemisch voneinander ziemlich stark abweichen, differenziere. Andere wiederum, die festgestellt haben, daß hinsichtlich der Zusammensetzung die Bitumina (Bitumenoide) dem Erdöl am nächsten stehen, erachten es nicht als möglich, infolge des sehr niedrigen Gehalts dieser Bitumina in der organischen Substanz, sie als wesentlichstes Ausgangsmaterial für das Erdöl anzuerkennen.

Viele Wissenschaftler sind bis heute der Meinung, daß für das Ingangkommen des Erdölbildungsprozesses besondere Sedimentationsverhältnisse erforderlich sind, die in der Natur nicht so oft eintraten. Die spezifischen Züge dieser Verhältnisse sehen die einen in der Schwefelwasserstoffverseuchung der Bodenschichten des Wassers in den Sedimentationsbecken, die anderen in einem besonderen Typ des eingebetteten organischen Materials, dritte in einer obligatorischen Wechsellagerung toniger Sedimente mit sandig-alevrolithischen usw. Eine nicht geringere Anzahl von Geologen und Chemikern neigt zu der Ansicht, daß es für die Entwicklung des Erdölbildungsvorgangs besonderer Bedingungen bei der Umbildung der organischen Substanz in den späteren Stadien der Lithogenese bedürfe.

In Wirklichkeit ist dagegen die Bildung des primären Erdöls, welches immer dispers vorliegt (Mikronaphtha), ein gewöhnlicher, normaler Vorgang, der für seine Entwicklung keiner irgendwie gearteten Sonderbedingungen bedarf. Dieser Standpunkt geht auf G. POTONIÉ (1904/05) zurück; am deutlichsten formuliert ihn E. BLUMER, der folgendes sagt: ,,So ist der Gehalt an Kohlenwasserstoffen eine für die Schichtgesteine bezeichnende Eigenschaft." Er schreibt ferner hinsichtlich des in den Schiefern dispers verteilten Erdöls: ,,Mit diesem Schieferöl verhält es sich wie mit dem Gold des Meerwassers; es ist wohl in ungeheuren Mengen vorhanden, aber es ist zu allgemein verbreitet, zu diffus verteilt" (E. BLUMER, ,,Die Erdöllagerstätten. Grundlagen der Petroleumgeologie", Stuttgart 1927).

W. I. WERNADSKIJ, der Begründer der Biogeochemie, schrieb in seiner ,,Geochemie in ausgewählten Kapiteln" (Leipzig 1930): ,,Man kann zweierlei Arten von Vorkommen größerer Ansammlungen von Erdöl unterscheiden: 1. das Auftreten in Sedimentgesteinen und 2. die Durchtränkung bituminöser Schiefer. Beide Glieder sind Vorkommen ein und derselben Erscheinung. Vielfach wird hierbei außer acht gelassen, daß der größere Teil der Erdölmenge in den Schiefern enthalten ist." In der zweiten Auflage seines Buches (1934) fügt W. I. WERNADSKIJ noch hinzu: ,,Man darf nicht die Entstehung des Erdöls erklären wollen, ohne die bituminösen Schiefer zu berücksichtigen."

I. M. GUBKIN unterstrich (1932), daß ,,... das Erdöl in diffus dispergierter Form ungeheure Räume der Erdkugel einnimmt".

Heute gewinnt die Vorstellung, daß der Vorgang der Bildung primären dispersen Erdöls (des Mikronaphthas) ein gewöhnlicher und weit verbreiteter Vorgang ist, immer größere Anerkennung. So schreibt einer der führenden Vertreter der Erdölgeologie, A. LEVORSEN,

[2]) Bitumenoide — nach der Terminologie des Verfassers.

in seinem Buch „Geology of Petroleum" (1956): „The widespread occurrence of petroleum through nearly all geologic ages and nearly all kinds of sediments indicates, not an origin that is unusual, but rather an origin that occurs as a part of natural sedimentary processes" (S. 514 des erwähnten Buches).

E. LANGE kommt in seinem Aufsatz „Zur Erdölgenese", der in dieser Zeitschrift veröffentlicht wurde (Heft 8/9/1957), zu folgendem Schluß: „Wirtsgesteine von Erdöl/Erdgas abgebenden Substanzen sind alle Sedimente, die organische Reste tierischen oder pflanzlichen Ursprungs enthalten ..." (S. 355).

6. Die richtige Konzeption von der Erdölbildung kann heute nicht umhin, die folgenden Thesen (von denen einige durch K. P. KALIZKIJ, W. W. WEBER, K. KREG, S. ZUBER, W. B. PORFIRJEW, I. W. GRINBERG, A. F. DOBRJANSKIJ u. a. entwickelt wurden), als irrtümlich abzulehnen:

a) Die Möglichkeit einer Bruttoumwandlung einer beliebigen organischen Substanz in Erdöl, ebenso die Möglichkeit, daß irgendwelche Zwischenprodukte zwischen dem Erdöl und der organischen Substanz im ganzen existieren;

b) die These von der Notwendigkeit, daß konzentrierte Akkumulationen organischer Substanz für das Ingangkommen des Erdölbildungsvorganges vorliegen müssen, wobei nicht ausgeschlossen ist, daß bei diesem Vorgang auch homogene Massen organischer Substanz möglicherweise beteiligt sind;

c) die These von der Entstehung eines fertigen, bereits „ausgereiften" Erdöls sofort in den Schlämmen (Sedimenten), die aber behauptet, daß seine Bildung gerade in den Schlämmen beginnt;

d) die These von der Notwendigkeit, daß bestimmte besondere fazielle Bedingungen in den Wasserbecken entstehen müssen, damit die Erdölbildung vor sich gehen kann, oder daß bestimmte spezifische thermodynamische Verhältnisse gegeben sein müssen, damit sich die anfängliche Emigration des Mikronaphthas entwickelt;

e) die These, daß alles oder nahezu alles Mikronaphtha aus den Muttergesteinen entfernt werden muß, um die Fallen zu sättigen.

7. Die Kohlenwasserstoffe entstehen in allen Stadien der Lithogenese, von der Sedimentogenese bis zur Katagenese (Vormetamorphose) aus bestimmten Komponenten der lebenden Substanz, hauptsächlich aus lipoiden (und Eiweiß-)Substanzen in frischen Sedimenten, und aus bituminösen Substanzen in diagenetisch veränderten Sedimenten, die dann in Gesteine übergehen, und schließlich in den Gesteinen selbst (jetzt auf abiogenem Wege).

Bereits in den frühen und um so mehr in den mittleren Stadien der Katagenese zeigen die dispersen Kohlenwasserstoffe und einige andere Komponenten der Bitumina eine bedeutende Ähnlichkeit mit den entsprechenden Komponenten der Erdöle, was es gestattet, für die zuerst erwähnten den Ausdruck *Mikronaphtha* einzuführen. Der Begriff „Mikronaphtha" ist nicht nur ein Gattungsbegriff, sondern er besitzt einen weiteren Sinn und umfaßt die verschiedenen Stadien seines Entstehens und seiner Veränderung.

Im Anfangsstadium seiner Existenz unterscheidet sich das *rudimentäre* (unausgebildete) Mikronaphtha vom echten Erdöl durch eine Anzahl spezifischer Züge, aber dieser Unterschied verschwindet entsprechend dem *Reifen*. Nach dem Auswandern des beweglichen Teils des Mikronaphthas aus den Muttergesteinen bleibt in ihnen (zeitweilig) das *Rest*mikronaphtha enthalten.

8. Das „reife" Mikronaphtha besteht aus Kohlenwasserstoffen der lebenden Ausgangssubstanz; die Umwandlung erfolgte im wesentlichen katalytisch, hauptsächlich während der Katagenese. In der Regel dominieren autotrope Organismen. Das Mikronaphtha besteht ferner aus Kohlenwasserstoffen, die zur Zusammensetzung der heterotropen Mikroorganismen gehören, die an der Zersetzung der eingebetteten organischen Substanz während der Sedimentogenese und Diagenese teilnehmen, und schließlich aus Kohlenwasserstoffen, die in einem späteren Stadium der Lithogenese hauptsächlich durch Dekarboxylierung der Fettsäuren entstehen.

Das reife Mikronaphtha ähnelt in vielen Zügen dem Erdöl der Lager. Das Verhältnis der Methan-, Naphthen- und der aromatischen Kohlenwasserstoffe zeigt in gleichen Fraktionen des Mikronaphthas und des Erdöls, daß es sich um einen Typ handelt. Diese Ähnlichkeit dehnt sich auch auf die festen Kohlenwasserstoffe aus.

Junge Bitumina, die noch nicht herangereiftes Mikronaphtha einschließen, enthalten Äther und aliphatische Strukturen, die bei der Katagenese verschwinden. Das verbleibende Mikronaphtha wird mit aromatischen Kohlenwasserstoffen und aromatischen Verbindungen angereichert.

Die vom Stadium abhängigen Unterschiede zwischen den Bitumina und dem zu ihrer Zusammensetzung gehörenden Mikronaphtha in den Gesteinen, die sich in verschiedenen Etappen der Lithogenese befinden, halten viele irrtümlich für arteigene, „fazielle" Unterschiede. Insbesondere wurden Gesteine mit nicht ausgereiftem Mikronaphtha nicht als Erdölmuttergesteine betrachtet. In anderen Fällen wurde ohne Beweis angenommen, daß die unmittelbar in den Erdölbezirken auftretenden Gesteine zur Kategorie der erdölproduzierenden Gesteine gehörten, obwohl bekanntlich die Erdöllagerstätten nicht die Stätten sind, wo das Erdöl entstanden ist.

9. Die beim Heranreifen des Mikronaphthas zurückbleibende, stark überwiegende Masse der organischen Substanz erzeugt $CO_2$ und $CH_4$ in einer Menge, die die Menge der Kohlenwasserstoffe um ein Vielfaches übertrifft. Beim Vorliegen eines Druckes von 300 und mehr Atmosphären im Erdinneren beginnt sich das Mikronaphtha in verstärktem Maße in den Gasen zu lösen und sehr migrationsfähig zu werden.

Für eine im regionalen Maßstab vonstatten gehende Auswanderung des Mikronaphthas, die zur Bildung von Erdöl führt, bedarf es bestimmter thermodynamischer Verhältnisse, die für verschiedene Gesteinstypen und Gesteinskombinationen unterschiedlich sind. Für die am weitesten verbreiteten tonigen Ablagerungen, die auch Mikronaphtha am reichlichsten enthalten (wenn sie mit sandig-alevrolithischen Schichten wechsellagern), entstehen solche Bedingungen, wenn diese Gesteine von über 1500 m mächtigen Folgen überdeckt werden, obgleich der Auswanderungsvorgang bereits früher beginnt.

Manche Autoren geben kleinere Zahlen an (z. B. nach W. GUSSOW 600–900 m; nach W. W. WEBER entsteht das Erdöl bereits in Teufen von 200–400 m), andere wiederum geben größere Zahlen an (z. B. nach W. A. GORIN 5–10 km, nach E. LANGE über 6000 m).

10. Theoretisch ist nicht zu bestreiten, daß an der Erdölbildung alle Typen der Sedimentgesteine beteiligt sind, die organische Substanz enthalten, da erstens immer ein bestimmter, wenn auch gewöhnlich sehr kleiner Anteil der fossilisierten organischen Substanz aus flüssigen hydrophoben Produkten besteht, wobei die Akkumulation der migrationsfähigsten Komponenten dieser Produkte das Erdöl darstellt, und daß zweitens „in der Erdkruste verschiedene Mechanismen existieren, die eine Sammlung der dispergierten Massen dieser Produkte (der Bitumina und Erdöl — der Verf.) und größere Akkumulationen gestatten" (W. I. WERNADSKIJ, 1927). Zu diesen Mechanismen sind zu rechnen: a) die Verfestigung der Tongesteine durch Druck und der karbonatischen Gesteine durch Umkristallisation; b) die Lösung der Kohlenwasserstoffe in den Wässern, die Fettsäuren und/oder deren Salze enthalten; c) die Lösung des Mikronaphthas in Gasen ($CO_2$, $CH_4$ und Methanhomologe). Der zuletzt angeführte Mechanismus ist am wichtigsten.

11. Der gewöhnliche und fast universelle Rahmen der Mikronaphthabildung (innerhalb der Sedimentgesteine, die organisches Material enthalten) bedeutet durchaus nicht die gleiche Universalität der Erdölbildung, obgleich dieser Prozeß auch regional ist. Die Erdölproduktionsfähigkeiten der Gesteine werden einerseits durch innere Faktoren bestimmt, nämlich durch den Gehalt an Mikronaphtha in ihnen und die Fähigkeit, es abgeben zu können, andererseits durch äußere Faktoren, nämlich durch die Beziehungen zwischen Muttergesteinen und Speichergesteinen, durch Druck und Temperatur, die die Gasentwicklung befördern, durch die Bildung und Reife des Mikronaphthas und seine Migration. Die Erdölbildung kann nur bei einer günstigen Kombination der inneren Faktoren (potentielle Möglichkeiten) und der äußeren Faktoren (Milieu), deren Rolle noch immer zu gering eingeschätzt wird, vor sich gehen.

12. Die Vorstellungen über die Erdölgenese und über die Höffigkeitskriterien in bestimmten Gebieten hinsichtlich der Öl- und Gasführung entwickelten sich auf der Linie der stetigen Erweiterung der Fallen- und Speichergesteinstypen usw. unter gleichzeitiger Herabsetzung der Forderungen, die an die Erdölmuttergesteine gestellt wurden. Die Anzahl der besonderen (speziellen) Urteile (Stufe der Besonderheit) ist gewachsen, und heute ist die Zeit für ein allgemeines Urteil herangereift (Stufe der Verallgemeinerung), das man wie folgt formulieren kann:

Die Bildung des primären, immer dispers vorliegenden und anfangs keimhaften Mikronaphthas (Protonaphthas) tritt unvermeidlich bei der Fossilierung einer beliebigen organischen Substanz in beliebigen Sedimenten beliebiger Wasserbecken auf. Sein Heranreifen vollzieht sich in allen Fällen bei der Entwicklung der Katagenese in Gebieten mit kompensierter tektonischer Absenkung, in dem Maße, wie ein immer größerer Teil des Mikronaphthas die Möglichkeit erhält, auszuwandern und Ölakkumulationen in Fallen beliebigen Typs, in beliebigen porös-durchlässigen Gesteinen zu bilden, unabhängig von der Genese dieser Gesteine und der Herkunft ihrer Porosität.

13. Die Erkenntnis des Wesens der Erdölbildung, der grundlegenden Gesetzmäßigkeit dieses vielseitigen stadienhaft verlaufenden Vorgangs darf nicht unterschätzt werden, da sie große Perspektiven für das Aufsuchen neuer ölführender Bezirke und Gebiete eröffnet, die Möglichkeit gibt, alle mit mächtigen Sedimentserien erfüllten Depressionen als mögliche Herde für die Bildung von Öl und Gas zu betrachten. Man darf natürlich auch die Bedeutung der Verallgemeinerung nicht überschätzen, da das Gesetz immer blasser als die Erscheinung ist. Außerdem ist noch vieles nicht genau geklärt und bedarf weiterer beharrlicher, zielstrebiger und koordinierter Untersuchungen durch die Geologen, Chemiker, Mikrobiologen, Physiker und andere Spezialisten.

14. Die in diesen kurzen Thesen erläuterte „Theorie des Mikronaphthas" stellt eine Weiterentwicklung der Theorie der Erdölmuttergesteine dar, im wesentlichen durch Erweiterung des Kreises der Mikro-Erdölmuttergesteine. Die Möglichkeit, die Theorie des Mikronaphthas zu begründen, verdanken wir den Arbeiten vieler Wissenschaftler, sowohl russischer und sowjetischer, als auch deutscher, amerikanischer und anderer (ENGLER, D. WHITE, POTONIÉ, MICHAILOWSKIJ, ANDRUSSOW, BLUMER, MRASEK, WERNADSKIJ, KREJČI-GRAF, ARCHANGELSKIJ, TRASK, GUBKIN, STRACHOW, USPENSKIJ, SOKOLOW, KOSLOW, RODIONOWA, BROD, JEREMENKO, GORSKAJA, T. SMITH, DWALI u. a.).

BELJAJEWSKI, N. A.

# Auswertung der Erfahrungen in der geologischen Kartierung und Vorerkundung[1]

Eine Tagung mit dem Thema „Ergebnisse der Beratung über die Auswertung der Erfahrungen in der geologischen Kartierung und Vorerkundung" fand vom 25. Februar bis 1. März d. J. im Geologischen Forschungsinstitut der UdSSR in Leningrad statt. Ihr war eine umfassende Diskussion vorangegangen, an der sich alle interessierten Geologen beteiligten. Es nahmen an ihr 228 Delegierte teil, die die verschiedenen geologischen Institutionen und Organisationen der SU vertraten. Zur Lösung spezieller Fragen wurden eine Reihe von Kommissionen gebildet und folgende Ausstellungen organisiert:

1. Geologische Karten der UdSSR und des Auslandes,
2. Aeromethoden,
3. Materialien regionaler geophysikalischer Arbeiten,
4. Ausrüstungsgegenstände für Geologen von dem Werk „Geologische Erkundung".

Auf der Tagung wurde festgestellt, daß in Übereinstimmung mit dem Regierungsbeschluß vom 17. Mai 1954 die geologische Kartierung und die Vorerkundung stark zugenommen haben. Der Stand vom 1. Januar 1958 war folgender:

[1] „Sowjetgeologie" Nr. 5, 1958

Es sind kartiert:

in den Maßstäben

| | | |
|---|---|---|
| 1: 1000000 – 1: 500000 | 98,7% | des Territoriums der UdSSR |
| 1: 200000 – 1: 100000 | 39,5% | |
| 1: 50000 und größer | 6,2% | |

Die wichtigsten bergbaulichen Gebiete der SU, wie Donbaß, Kusbaß, Krivoi Rog, Kaukasus und Transkaukasien, der mittlere und südliche Ural, ein großer Teil von Zentralkasachstan, vom Altai, vom Erdölgebiet an der Wolga, vom Kaukasus, vom östlichen Transbaikalien, der gebirgige Teil Mittelasiens, die Halbinsel Kola, Karelien und eine Reihe anderer wichtiger Gebiete, sind im Maßstab 1: 200000 und größer kartiert.

Die Tagung faßte eine Reihe von Beschlüssen:

**1. Plan der geologischen Kartierung und Fertigstellung von Karten für die Jahre 1959—1965**

Die Kartierung im Maßstab 1: 200000 soll bis zum Jahre 1965 in allen für die Volkswirtschaft wichtigen und für die Erkundung aussichtsreichen Gebiete abgeschlossen werden.

In bergmännisch wichtigen Gebieten wird die Kartierung in den Maßstäben 1: 50000 und 1: 25000 wesentlich erweitert werden. Für die wichtigsten Vererzungsgebiete soll die Kartierung im Maßstab 1: 10000 durchgeführt werden. Bis zum Jahre 1961 wird die erste Karte der SU im Maßstab 1: 1000000 herausgegeben worden sein.

Es soll begonnen werden, die geologischen Karten im Maßstab 1: 50000 planmäßig zusammenzustellen und herauszugeben. Für die wichtigsten geologischen Gebiete werden Komplexe von Karten im Maßstab 1: 5000000 zusammengestellt. Ein Komplex umfaßt geologische, geomorphologische, tektonische, hydrogeologische, lagerstättenkundliche u. a. Karten.

**2. Die Anwendung regionaler geophysikalischer Methoden und die Pläne der regionalen geophysikalischen Forschungen für die Jahre 1959—1965**

In den nächsten Jahren wird die aeromagnetische Aufnahme des ganzen Territoriums der UdSSR beendet werden (einschließlich der nördlichen und nordöstlichen Meere). In größerem Umfang als bisher sollen Elektroerkundung, gravimetrische Arbeiten sowie die Fertigstellung einer Reihe von seismischen Profilen betrieben werden.

**3. Neue Wege zur Verbesserung der geologischen Kartierung und Vorerkundung und zur Zusammensetzung der Kartenwerke**

Der Umfang der geologischen Arbeiten, insbesondere auf den Gebieten der Stratigraphie, des Magmatismus und der Tektonik ist wesentlich zu vergrößern und der Auswertung der Vorerkundung von Bodenschätzen mehr Aufmerksamkeit zu schenken. Notwendig ist ferner der Aufbau einer Reihe von Spezial-Laboratorien.

Die Herausgabe zusammenfassender Arbeiten, vor allem solcher, die methodischen Charakter tragen, muß erweitert werden.

Örtliche stratigraphische Gliederungen sollen durch ein Komitee koordiniert werden.

Für die Ausarbeitung der wissenschaftlichen und geologischen Grundlagen der geologischen Kartierung magmatischer und metamorpher Komplexe soll ein petrographisches Komitee geschaffen werden.

**4. Geologische Kartierung in „bedeckten" Gebieten**

Karten in diesen Gebieten können nicht für das ganze Territorium der SU standardisiert werden.

Es wird eine ständige Kommission für die Erforschung „bedeckter" Gebiete geschaffen.

**5. Rationales Verhältnis zwischen geologischer Kartierung und Vorerkundung**

Die Art der Vorerkundung wird für jedes Untersuchungsgebiet bestimmt und kann nicht für alle Gebiete standardisiert werden. Für die Kartierung im Maßstab von 1: 200000 wird folgender Arbeitsgang vorgeschlagen:

a) Aeroradiometrische Aufnahme vor der Kartierung,
b) radiometrische Beobachtungen auf den Begehungslinien,
c) Probenahme aus dem Flußnetz (mit metallometrischen Proben aus den Schlammablagerungen),
d) hydrochemische Probenahme aus Wasserläufen und Quellen,
e) zusätzliche Begehung zum Ziele der Vorerkundung.

Wird im Maßstab 1: 50000 kartiert, so kommen hinzu

f) metallometrische Aufnahme über größere Flächen und
g) bergmännische, Bohr- u. geophysikalische Arbeiten.

Die Vorerkundung wird von einer speziellen Gruppe durchgeführt. In „bedeckten" Gebieten werden die Bohrungen allseitig untersucht (Elektrobohrlochmessung, $\gamma$-Bohrlochmessung, Bohrprobenuntersuchung, Metallometrie, Lumineszenzanalyse usw.). Kartierung und Vorerkundung werden gleichzeitig durchgeführt.

**6. Die Anwendung von Aeromethoden bei der geologischen Kartierung und Vorerkundung**

Die Dechiffrierung von Luftaufnahmen ist Pflicht für alle geologischen Kartierungsarbeiten. Es sollen Versuchsarbeiten für den Vergleich von Schwarz-Weiß-, Farb- und farbspektrozonalen Aufnahmen durchgeführt und ihre Anwendung für verschiedene geologische Verhältnisse geprüft werden. Besonders wurde auf die Vorteile der farbspektrozonalen Aufnahme für die geologische Kartierung hingewiesen. Es wurde als eine der wichtigsten Aufgaben betrachtet, die Methodik in der Anwendung von Aeromethoden für die Vorerkundung von Bodenschätzen stärker auszuwerten. Bei den territorialen geologischen Leitungen soll das Augenmerk gerichtet werden

a) auf die Schaffung geologisch-fotogrammetrischer Gruppen (Laboratorien),
b) auf die Konstruktion neuer Stereoskope und anderer für die Geologen wichtiger fotogrammetrischer Geräte,
c) auf die schnelle Herausgabe wissenschaftlich-methodischer Anleitungen,
d) auf die Schaffung von Alben für die Anwendung von Aeromethoden in den hauptsächlichen geologischen Regionen der SU.

**7. Die Ausbildung von Kadern für die geologische Kartierung und Vorerkundung**

In den Hochschulen soll mehr Aufmerksamkeit auf die Interpretation von geophysikalischen und geochemischen Unterlagen verwandt werden. Die Aeromethoden sollen im Lehrstoff einen größeren Raum einnehmen. Die Qualifikation auf den Gebieten der Quartärgeologie und Geomorphologie soll erhöht werden.

8. Ferner verdienen mehr Beachtung als bisher die Organisation der geologischen Kartierung und Vorerkundung und

9. die Versorgung und Ausrüstung der Kartierungs- und Vorerkundungsgruppe.

S. LÄCHELT, Freiberg

# Ingenieurgeologische Arbeitsmethoden in der Sowjetunion

RICHARD KÖHLER, Berlin, ALFRED THOMAS, Berlin & FRITZ REUTER, Jena

Im Oktober 1956 hatten die Verfasser Gelegenheit, in Moskau die Arbeitsmethoden der hochentwickelten Ingenieurgeologie in der Sowjet-Union kennenzulernen. Besucht wurden der „Mosgorgeotrust", das Bauingenieur-Institut „Kuibyschew" (MISI), das Wissenschaftliche Allunions-Forschungsinstitut für Gründungen und Fundamente, das Institut „Hydroenergoprojekt", die Hauptverwaltung „Metrostroi", das Allunionsinstitut für Straßenwesen, die Lomonossow-Universität.

Der Moskauer städtische Trust für geologisch-geodätische und kartographische Arbeiten (Mosgorgeotrust) ist für die ingenieurgeologischen Untersuchungen in der Stadt Moskau und Umgebung zuständig und führt diese Arbeiten auf Anforderung der Projektierungs- und Wirtschaftsorganisationen durch. Das Ziel dieser Untersuchungen ist die Herbeiführung einer Entscheidung über die zu wählenden Fundamentsohlenhöhen, die Gründungsarten und die zulässigen Belastungen des Baugrundes für Bauten. Diese Arbeiten werden systematisch von Spezialisten der verschiedenen Richtungen kollektiv durchgeführt und schaffen komplexe Ergebnisse. Zu den Spezialisten gehören Geologen und Bauingenieure, Ingenieurgeologen und Hydrogeologen, Bodenmechaniker, Chemiker, Elektroingenieure, Bodenkundler, Geodäten.

Mit *ingenieurgeologischen Untersuchungen* in der Stadt Moskau begann man in den 70er Jahren des vorigen Jahrhunderts im Zusammenhang mit dem Bau und der Anlage der Kanalisation und der Eisenbahnen. Im Jahre 1890 wurden Karten der Untergrundgesteine und der Quartärablagerungen aufgestellt. Durch die Arbeiten IWANOWs aus den Jahren 1907 bis 1915 wurde das Quartär der Stadt Moskau und Umgebung eingehend untersucht sowie das Vorhandensein alter Terrassen und zweier durch Sande getrennter Moränen nachgewiesen. In den Jahren 1930 bis 1934 hat B. M. DANJSCHIN diese Arbeiten systematisch zusammengetragen und in Karten und Büchern herausgegeben, die damals das einzige Unterlagenmaterial für die Geologen der Stadt Moskau darstellten.

Nun wurde auch die Frage nach der Natur des Bodens als Baugrund wissenschaftlich untersucht. Mit der Veröffentlichung der Arbeiten von Prof. GERSEWANOW (Moskau 1931) wurde eine „bautechnische Bodenmechanik" geschaffen, die die Vorstellung von den Tragfähigkeitseigenschaften der Böden änderte und es ermöglichte, die Festigkeit und Belastbarkeit des Bodens besser auszunutzen.

Die stürmische Entwicklung des Wohnungs- und Industriebaus, die in den Jahren 1929—1930 begann, und die Notwendigkeit, das Bauen unter den spezifischen Bedingungen der geologischen Situation des Stadtgebietes durchzuführen, waren die Veranlassung, im Jahre 1929 eine ingenieurgeologische Organisation zu schaffen, die anfangs den Namen Büro für Untersuchungen und ab 1937 Büro für technische Untersuchungen des Baugrundes und der Fundamentierungen trug. Dieses Büro wurde bei der Gründung des *Mosgorgeotrust* im Jahre 1944 mit diesem vereinigt. Heute bestehen für die Fachrichtung *Ingenieurgeologie* selbständige Abteilungen im Rahmen des Mosgorgeotrust.

Etwa 90% aller ingenieurgeologischen Untersuchungsarbeiten in der Stadt Moskau und Umgebung werden vom Mosgorgeotrust ausgeführt. Der Umfang dieser Aufgaben wächst ebenso unaufhörlich wie der Umfang der Bauarbeiten in der Stadt. Es genügt hier mitzuteilen, daß die beiden Sektoren für Ingenieurgeologie und Ingenieur-Konstruktionen früher im ganzen 150 bis 200 Gutachten lieferten, im Jahre 1938 600, während 1954 allein von der Abteilung für Ingenieurgeologie 1100 Gutachten ausgearbeitet worden sind. Auch für die Hochhäuser in Moskau wurden die ingenieurgeologischen Untersuchungen sowie die Berechnungen für die wahrscheinlichen Setzungen durchgeführt. Diese Berechnungen sind durch die Messungen der tatsächlichen Setzungen völlig bestätigt worden, woraus folgt, daß die Untersuchungsmethodik richtig war.

Zur *Abteilung Ingenieurgeologie* gehören
Objektgeologen mit Feldbrigaden,
Objektgeologen mit Feldbrigaden für mechanisiertes Bohren,
ein Bodenkundler mit Feldbrigaden (für die Planung von Grünflächen und Landschaftsgestaltung),
ein Hauptgeodät mit Vermessungstrupps,
ein Spezialist für Bodenmechanik mit einer Laboratoriumsgruppe,
eine Gruppe für die Innenarbeiten,
ferner Bauingenieure, Elektroingenieure u. a.

Die ingenieurgeologische Bearbeitung in Verbindung mit der technischen Aufgabe wird in zwei Stadien ausgeführt:

1. Voruntersuchungen für die Projektaufgabe,
2. endgültige Untersuchung für das technische Projekt oder für das Projektierungsstadium der Ausführungszeichnungen.

Die Begutachtung erstreckt sich auf Einzelobjekte, Häuserblocks oder ganze Stadtviertel.

Durch ein Programm werden zunächst die ingenieurgeologischen Arbeiten festgelegt, in deren Verlauf jedoch ihr Umfang korrigiert werden kann; dies geschieht an Ort und Stelle durch den Leiter des Geländetrupps und den Hauptgeologen entsprechend den sich ergebenden ingenieurgeologischen und hydrogeologischen Verhältnissen. Dadurch soll einmal eine Vollständigkeit der für die Projektierung erforderlichen Untersuchungen, zum anderen eine Kürzung bzw. Vermeidung überflüssiger Arbeiten gewährleistet werden. Die Anzahl der erforderlichen geologischen Aufschlüsse richtet sich nach den Ausmaßen der Gebäude und nach der Kompliziertheit des geologischen Aufbaus; es sollen jedoch nicht weniger als 2 bis 3 Bohrungen innerhalb der Grenzen jedes Gebäudes oder jeder Anlage gestoßen werden. Man kann sich jedoch beim Bau kleiner und weniggeschossiger Gebäude sowie provisorischer Anlagen unter einfachen geologischen Verhältnissen mit einem einzigen Aufschluß begnügen. Was unter einfachen, komplizierten und besonders komplizierten geologischen Verhältnissen zu verstehen ist, wurde allgemein festgelegt.

Die große Menge des beim Mosgorgeotrust auf Grund der ingenieurgeologischen Bearbeitungen gesammelten Archivmaterials und die vorherrschend von DANJSCHIN und dem Mosgorgeotrust aufgestellten geologisch-lithologischen Karten und Schnitte machten es vielfach möglich, bei der Aufstellung des Gutachtens im Stadium der Projektaufgabe auf besondere ingenieurgeologische Untersuchungen zu verzichten. Ferner kann, wenn das Baugelände genügend bekannt ist und das Bauvorhaben nur geringen Umfang hat, anstelle eines Gutachtens eine entsprechende protokollarische Erklärung des Ingenieurgeologen treten. In Sonderfällen, z. B. bei Bauten der Metro, kann der Auftrag zur Begutachtung einem anderen Institut zugewiesen werden.

Für jedes bearbeitete Bauvorhaben gibt es einen Baupaß, in dem auf die ingenieurgeologischen Untersuchungen Bezug genommen wird. Diese Untersuchungen selbst sind in einem Band zusammengestellt. Sie tragen den Titel: „Technisches Gutachten über die ingenieurgeologischen Verhältnisse des Baues .... der Stadt Moskau". Von den einzelnen Sachbearbeitern, wie Ingenieurgeologen, Bodenmechanikern, Bauingenieuren, Chemikern usw., werden die entsprechenden Daten zusammengestellt, Profile usw. beigegeben und die Ergebnisse gemeinsam, also kollektiv und in komplexer Form ausgearbeitet. Bei den Gutachten ist eine gute Systematik und eine gründliche Dokumentation beachtenswert.

Die Erfassung der bearbeiteten Objekte wird durch einen Atlas gesichert; er beruht auf topographischen Karten im Maßstab 1 : 2000. Auf Grund dieser Unterlagen kann in gewissen Fällen für kleinere Bauten eine ingenieur-geologische Begutachtung ohne besondere Untersuchungsarbeiten erfolgen.

Sehr bemerkenswert ist, daß dem Verfasser des Gutachtens, dem Hauptgeologen des Objektes, die Abnahme des Baugrundes obliegt. Die Richtigkeit der geologischen Untersuchungen und der im Technischen Gutachten gezogenen Folgerungen werden durch Besichtigung der Baugrube beim Ausschachten überprüft. Dabei kann der Objektgeologe Hinweise zur Durchführung der Erdarbeiten, des Wasserabflusses, der Reihenfolge der Arbeiten usw. erteilen und Empfehlungen dahingehend abgeben, daß das Fundamentierungsprojekt entsprechend den angetroffenen Bodenverhältnissen zu ändern ist. Unter diesen Umständen wäre das bei uns zuweilen beobachtete Bestreben, den Geologen von der Baustelle möglichst fernzuhalten, undenkbar.

Nicht nur beim Projektanten, sondern auch auf der Baustelle muß ein Exemplar des vom Mosgorgeotrust aufgestellten Gutachtens vorhanden sein. Bei uns ist diese Forderung noch nicht erfüllt, und man fragt auf unseren Baustellen meist vergebens nach dem ingenieurgeologischen Gutachten.

Früher sammelte sich in den verschiedenen Organisationen der Stadt Moskau eine riesige Menge von Unterlagen über Bohrungen, Analysen und Versuchsarbeiten. Heute obliegt der „*Abteilung für ingenieurgeologische Kartierung*" im Mosgorgeotrust die Systematisierung und allgemeine Auswertung des gesamten Fundus an geologischem Material für das Gebiet der Stadt. Dem Mosgorgeotrust gehen heute die Schichtenverzeichnisse der Bohrungen und Schürfe von über 100 Institutionen und Betrieben zu. Es wäre auch bei uns an der Zeit, an die Lösung der Frage einer einheitlichen und systematischen Sammlung und Auswertung der Aufschlußunterlagen heranzugehen. Zur Aufgabe der genannten Abteilung gehört auch die Aufstellung geologischer Karten für die Zwecke der Bauplanung und -projektierung. Ferner hatte sich die Abteilung zur Zeit unseres Besuches die Schaffung einer ingenieurgeologischen Karte zum Ziel gesetzt.

Das Material wird in einem *Plan über die Lage der Erkundungs- und Versuchsbohrungen und -schürfe* im Maßstab 1 : 5000 erfaßt. Die Aufschlußpunkte sind durch verschiedenartige Signaturen so gekennzeichnet, daß man sofort erkennen kann, ob an den einzelnen Stellen Laboratoriumsuntersuchungen, Bodenbelastungsversuche, Wasserdruck- und Pumpversuche durchgeführt wurden, ob das Grundwasser erschlossen und das feste Gestein des Untergrundes angefahren wurde; eingetragen sind weiterhin natürliche Aufschlüsse, ferner die Linien der ingenieurgeologischen Strukturschnitte und die Linien der ingenieurgeologischen Schnitte längs der Magistralen (Abb. 1).

Diese ingenieurgeologischen Schnitte sind von großer Bedeutung, da sie als wichtiges Hilfsmittel bei der Aufstellung der ingenieurgeologischen Karten dienen. Der vertikale Maßstab der Schnitte soll 1 : 200 und der horizontale Maßstab 1 : 2000 betragen. Bei ihrer Anfertigung werden folgende Merkmale berücksichtigt: stratigraphischer Horizont, lithologische Zusammensetzung, Zustand der Bodenarten (Konsistenz, Feuchtigkeitsgrad, Lagerungsdichte), Karbonatgehalt, Grundwasserverhältnisse. Die fertiggestellten Schnitte werden nicht in Archiven „abgelegt", sondern redigiert und der Drucklegung zugeführt.

Zum Komplex der geologischen Kartierung gehört zunächst die *geologisch-lithologische Karte*. Sie wird auf der topographischen Grundlage im Maßstab 1 : 5000 gezeichnet und soll Antwort geben auf praktische Fragen der Untersuchungs-, Projektierungs- und Bauorganisationen, die eine ingenieurgeologische Begründung der Projekte des Städte- und Industriebaues der Stadt Moskau benötigen. Die Karte und die dazugehörigen Schnitte sollen es ermöglichen, bei der ingenieurgeologischen Begutachtung im Rahmen des technischen Gutachtens im Stadium der Projektaufgabe möglichst ohne neue Bohrarbeiten auszukommen und im Stadium des technischen Projektes den Umfang der Bohrarbeiten so gering zu halten, wie es fachlich vertretbar und wirtschaftlich geboten ist. Die Karte soll den geologischen Bau und die lithologische Zusammensetzung des Baugrundes auf eine Tiefe von 8 bis 10 m und an einzelnen Stellen bis zu den Schichten des Karbons darstellen. Die Frage einer Methodik der Anfertigung geologisch-lithologischer Karten ist nicht neu; sie wurden auch für die Stadt Moskau seit langem angefertigt; aber alle früheren Karten hatten einen kleinen Maßstab (1 : 100000, 1 : 25000). Inzwischen haben sich die Ergebnisse einer großen Anzahl von Bohrungen, es sind Zehntausende, angesammelt; dadurch ist die Herstellung ausführlicherer Karten im Maßstab 1 : 5000 oder 1 : 10000 möglich geworden. Die Kulturschicht und der Decklehm werden „abgedeckt" und mit ihrer Mächtigkeit auf einem Deckblatt aus Transparentpapier angegeben. Auf der geologisch-lithologischen Karte selbst wird der unter dem Decklehm ausgehende *stratigraphische* Horizont durch Flächenfarben kenntlich gemacht. Die *lithologische* Beschaffenheit dieses Horizontes wird durch schwarze Signaturen (Schraffur, Punkte usw.) wiedergegeben. Für die darunterliegenden Schichten bis 10 m Tiefe werden kleine nichtmaßstäbliche Säulen in die Karte eingezeichnet. Diese „Schächte" werden ebenfalls farbig angelegt und mit Signaturen versehen. Für noch tieferliegende stratigraphische Horizonte werden Kreise mit konzentrischen Ringen eingetragen, die von einander 1 mm entfernt und farbig angelegt sind. Durch Ziffern am Kreisrande entgegen dem Uhrzeigersinn werden die Mächtigkeiten angegeben. Die erste Ziffer über dem Kreis bezeichnet die Mächtigkeit der Kulturschicht. Zur Bezeichnung des geologischen Alters und der Genesis der Schichten werden geologische Symbole in 6mal 14 mm große Rechtecke eingetragen. Die Rechtecke werden nicht farbig angelegt. Einige für den geologischen Bau und die lithologische Zusammensetzung eines Kartenblattes charakteristische Schnitte werden im allgemeinen horizontal im Maßstab 1 : 5000 und vertikal im Maßstab 1 : 500 aufgetragen und als Anlage des Kartenblattes zur Herausgabe vorbereitet. Die Schnitte enthalten auch hydrogeologische Angaben.

Zur Aufgabe der *geomorphologischen Karte* im Maßstab 1 : 5000 gehört die Darstellung der Hauptformen des Reliefs, seiner Entstehung, seines Alters und der geologisch-physikalischen Prozesse. Zur Aufklärung unklarer Stellen werden auch die Karten alter Ausgaben sowie alte Pläne heran-

Abb. 1. Zeichenerklärung der Aufschlüsse für die Karte des Unterlagenmaterials der Stadt Moskau und Umgebung

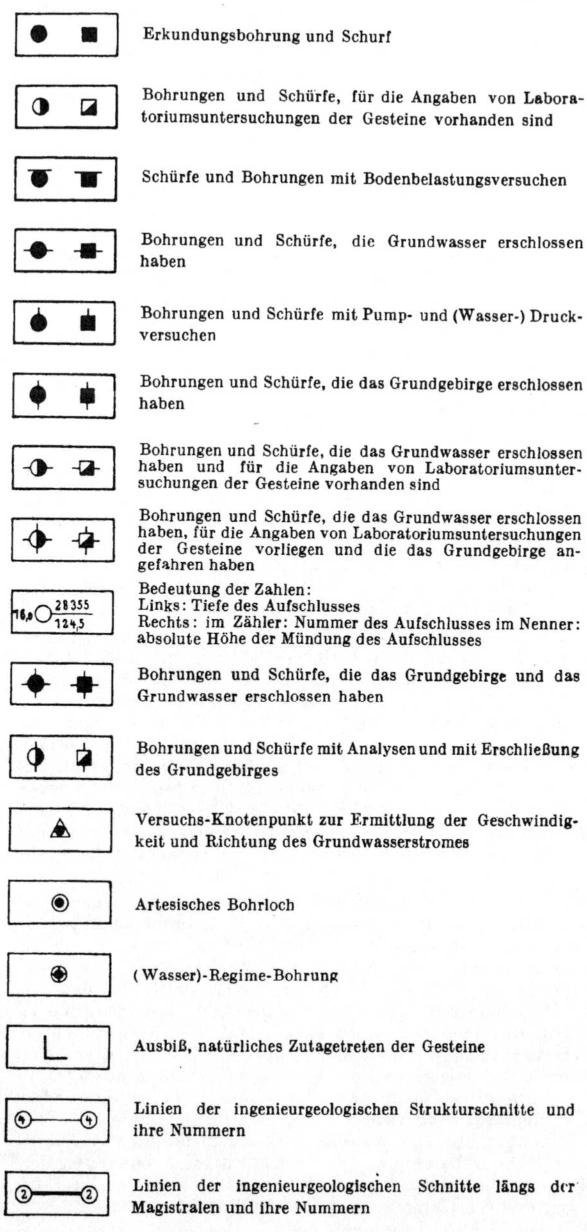

gezogen, auf denen das Relief dargestellt ist. Dabei leisten die aus den Jahren 1818, 1856 und 1877 stammenden Pläne eine besonders große Hilfe.

Die *hydrogeologische Karte*, die zunächst ebenfalls im Maßstab 1 : 5000 aufgestellt wird, dient ingenieurgeologischen Zwecken und als Projektgrundlage für die Rekonstruktion der Wasserläufe und des Dränagenetzes. Hydrogeologische Fragen im Zusammenhang mit der Wasserversorgung werden von anderen Instituten bearbeitet. Den unterschiedlichen Belangen des Bauwesens entsprechend wird auf der Karte der Grundwasserhöchststand, auf einem Deckblatt das Grundwasserminimum dargestellt. Das zeitweise Auftreten von Wasser in den oberen Bodenschichten, sogenanntes oberes Bodenwasser, wird durch schwarze Signaturen zusätzlich gekennzeichnet. Für den endgültigen Druck der Karte ist ein Maßstab 1 : 10000 vorgesehen.

Außer den bisher beschriebenen Karten sind noch einige spezielle Arbeiten vorhanden, z. B. ein geologisch-lithologisches Kartenwerk, bestehend aus *Horizontalschnitten* in 2, 4, 6 und 8 m Tiefe. Gezeigt wurde auch eine Karte, aus der der *Chemismus des Grundwassers* hervorging. Gebiete mit verschiedenem Gehalt an Sulfat usw. sind dabei verschiedenfarbig gekennzeichnet.

Zur Abteilung für ingenieurgeologische Kartierung gehört eine sogenannte *Auskunftsgruppe.* Sie arbeitet im wesentlichen für die Vorplanung, erteilt aber für einfach gelagerte Fälle der Bauprojektierung Auskünfte nur auf Grund der vorhandenen Unterlagen ohne Durchführung von neuen Bohrungen und Untersuchungen.

Während die Arbeit der Abteilung für Ingenieurgeologie und der Abteilung für ingenieurgeologische Kartierung vorwiegend der Planung neuer Stadtviertel und der Projektierung von Neubauten zugute kommt, dient die Arbeit der *Abteilung für Ingenieurkonstruktionen* vor allem dem Aufbau und Ausbau der Innenstadt (Rekonstruktion). Die besonderen Aufgaben dieser Abteilung sind daher die Begutachtung beabsichtigter Aufstockungen bestehender Gebäude, die Prüfung von Schadensfällen und der Mittel ihrer Behebung, Verbesserung des Untergrundes, Überprüfung vorhandener tragender Konstruktionen, jeweils unter Berücksichtigung einer ingenieurgeologischen Deutung der Baugrundverhältnisse.

Die Untersuchungen erfolgen durch Schürfe unmittelbar am Fundament, durch Anbohren des Mauerwerkes oder Betons unter Entnahme eines Kerns von 10 cm Durchmesser und 20 cm Länge, durch Bohrlochfotografie. Stahlbeton wird mit einer Spezialbohrkrone durchbohrt. Zur Auffindung der Bewehrungen wendet man das Ferroskop an, das auf elektromagnetischer Basis arbeitet. Zur Untersuchung der aktiven Zone des Baugrundes (der Druckverteilung) werden Bohrungen im vierfachen Abstand der Wandstärke niedergebracht. Zur Beobachtung von Rißbildungen bzw. Gebäudebewegungen werden neben Gipsbändern auch Glasröhren, die mit gefärbtem Alkohol gefüllt sind, angebracht. Ferner wird ein Gerät mit 2 Meßuhren, die auf Schienen gegeneinander verschiebbar sind und eine Meßgenauigkeit von 0,01 mm haben, verwendet. Es sei noch ein Beispiel aus der Praxis erwähnt. Falls bei einem Gebäude, das länger als 15 Jahre steht, eine Aufstockung vorgenommen werden soll, wird die übliche zulässige Bodenpressung mit einem Koeffizienten, der zwischen 1,1 für Ton und 1,4 für Sand liegt, multipliziert. Dies sind Erfahrungswerte.

Im südwestlichen Teil von Moskau besichtigten wir Baugruben, in denen der „Decklehm" und der darunterliegende Geschiebemergel aufgeschlossen waren. Wir wurden dabei an unsere Grundmoränengebiete, z. B. an die Baugrundverhältnisse der Barnimhochfläche im Berliner Stadtgebiet erinnert. Für die Baugrunduntersuchungsbohrungen werden außer Handbohrgeräten auch mechanisierte und motorisierte

Abb. 2. Verlegen von Fertigbetonteilen für Fundamente beim Bau eines Wohnblocks in Moskau

Geräte verwendet, deren Beschreibung hier zu weit führen würde[1]). Wir mußten feststellen, daß die Verwendung dieser Geräte einen gewaltigen Fortschritt gegenüber unseren veralteten Hilfsmitteln darstellt. Des weiteren sahen wir die Vorrichtung für Druckversuche (Probebelastung) in einem Bohrloch.

Mit großem Interesse machten wir uns mit den Baumethoden bei der Errichtung der großen Wohnblöcke bekannt. Wir sahen die Anwendung der Großblockbauweise, bei der sogar für die Fundamente Fertigbetonteile verlegt werden. Bei Bauten, die sich bis zum Winter hinziehen, werden die Fenster mit dem Fortschreiten des Baues stockwerkweise verglast. Dadurch ist es möglich, während des Frostes Innenarbeiten auszuführen (Abb. 2).

An dieser Stelle möchten wir zum Ausdruck bringen, daß wir uns dem Leiter des Mosgorgeotrust, J. I. Scherdjukow, und seinen Mitarbeitern, vor allem den Fachkollegen W. S. Moskaljow, A. S. Tschernenko, I. Fenogenow u. a. zu größtem Dank verpflichtet fühlen, daß sie uns in hochherziger und entgegenkommendster Weise in ihr Fachgebiet Einblick nehmen ließen und uns alle Informationen und Auskünfte, die wir wünschten, zukommen ließen.

Noch etwas anderes möchten wir hier einflechten. Der fachkundige in der ingenieurgeologischen Praxis stehende Leser wird vielleicht schon einen Eindruck gewonnen haben von der systematischen Art und Weise, mit der man in der Sowjetunion die ingenieurgeologischen Arbeiten betreibt. Die Ingenieurgeologie kann sich dabei auf eine längere Tradition stützen. In einer Druckschrift des Mosgorgeotrust wird darauf hingewiesen, daß geologische Untersuchungen auf dem Territorium der Stadt Moskau schon seit 150 Jahren durchgeführt werden. Ein Vergleich mit den Verhältnissen bei uns ergibt, daß sich auch hier ein gewisser Entwicklungsgang nachweisen läßt, ohne daß wir heute schon über einen so großzügig aufgebauten Apparat verfügen, wie wir ihn in Moskau kennengelernt haben. In einer (bisher unveröffentlicht gebliebenen) Arbeit haben wir einige Entwicklungslinien gezeigt, die von den ersten Bodenkarten und geognostischen Karten des sogenannten „Schwemmlandes" über die geologisch-agronomische Spezialkartierung des Flachlandes und die bodenkundlichen Karten zur kartenmäßigen Darstellung des Baugrundes und zur ingenieurgeologischen Kartierung führen[2]). Dabei läßt sich ganz allgemein sagen, daß bei uns die baugrundgeologischen Planungskarten auf bodenkundlicher Grundlage in einer gewissen Entwicklungsstufe einen bestimmten Platz ein-

[1]) Ein Bericht hierüber erscheint in Heft 12/58 d. Z. angew. Geol.

[2]) Von der Bodenkarte zur Baugrundkarte. Von Dr. R. Köhler und A. Thomas, Berlin 1958. Unveröffentlichtes Manuskript.

genommen haben. So mag es kein Zufall sein, daß in einem Lande, in dem bereits DOKUTSCHAJEW Bodenkarten herstellte und GLINKA die Lehre von der Entstehung der Bodentypen begründete, die ingenieurgeologische Aufnahme- und Kartierungstätigkeit in Blüte steht, wie überhaupt die sowjetische Ingenieurgeologie sich einer beachtenswerten Pflege erfreut.

Im *Moskauer Institut für Bauingenieure „Kuibyschew“* trafen wir mit den bekannten Baugrundforschern Prof. ZYTOWITSCH und Prof. DENISOW zusammen. Außer der Lehrtätigkeit werden hier Forschungen betrieben. Bevorzugt beschäftigt man sich mit den Baugrundeigenschaften von sogenannten schwachen Böden, Löß und lößartigen Böden. Das Interesse erstreckt sich ferner auf das Frostproblem und auf das Bauen in Karstgebieten. Karsterscheinungen werden im Ural, auf der Krim und im Wolgagebiet beobachtet.

Ein besonderes Erlebnis war naturgemäß der Besuch der Moskauer Staatlichen Universität, der Lomonossow-Universität. Hier hatten wir Gelegenheit zu einer Aussprache mit Professor I. W. POPOW, dem Verfasser des Lehr- und Handbuches „Ingenieurgeologie“. Es ergab sich völlige Übereinstimmung unserer Auffassungen hinsichtlich der Aufgaben und der Zuständigkeit der Ingenieurgeologie. Dem Dozenten SOLOTARJOW verdanken wir die Einsichtnahme in die ingenieurgeologische Kartierungstätigkeit. Die uns vorgelegten Karten hatten Maßstäbe von 1 : 1000 bis 1 : 300000. Die Kartierung erstreckt sich auf Gebiete, in denen Bauten vorgesehen sind. Während unserer Anwesenheit befand sich beispielsweise das Projekt für das Wolga-Stauwerk bei Tscheboksary in Arbeit. Die Kartierung erfolgt komplex; zum Kartenwerk gehören folgende Blätter:

Karte des Unterlagenmaterials (der Aufschlüsse, Brunnen, Quellen usw.) 1 : 100000,
Geologische Karte (stratigraphische Einheiten) 1 : 100000,
Geomorphologische Karte 1 : 100000,
Hydrogeologische Karte 1 : 100000,
Ingenieurgeologische Karte 1 : 100000.
Detailkarten (z. B. für rutschgefährdete Stellen) 1 : 1000.

Die ingenieurgeologische Karte enthält u. a. Angaben über die zu erwartende Vernässung des umliegenden Gebietes nach dem Anstauen des Wassers und eine Prognose über das Verhalten der Uferränder unter dem Einfluß des Aufstaus. Außer der Erhöhung des Grundwasserstandes und der Ausspülung der Ufer wird noch dem möglichen Aufschwimmen von Torflagern und der Überflutung und Gefährdung von Bodenschätzen besondere Beachtung geschenkt.

Das *Wissenschaftliche Allunions-Institut für Gründungen und Fundamente* verfügt über verschiedene Laboratorien für die Arbeitsrichtungen Bodenmechanik, Baugrundforschung, Vergütung des Baugrundes, künstliche Gründungen, Organisierung und Mechanisierung der Bauweisen, Bauen im Frostboden, Grundwasserabsenkungen, Bodendynamik. Die Frage der Verdichtung von Lößböden wird durch sogenannte „Grundpfähle“ gelöst. In 8 bis 10 m tiefe Bohrungen

Abb. 3. Modell der Tunnelvortriebsmaschine für den Bau der Metro

mit geringem Durchmesser und 1 m Abstand werden Sprengladungen eingebracht. Nach der Sprengung wird in die entstandenen vergrößerten Löcher vorhandener Boden eingefüllt und festgestampft. Das Gefrierverfahren wird bei hydrotechnischen Projekten (z. B. Wasserkraftwerk Gorki) und beim Bau der Metro, besonders beim Auftreten von Schwimmsandgefahren, angewendet. Eine Meisterleistung wurde beim Bau des Hochhauses am Roten Tor vollbracht. Die Baugrube wurde vereist und das Gebäude in Schiefstellung, also geneigt, errichtet. Nach der Fertigstellung der Bauarbeiten und dem Auftauen des Baugrundes setzte sich das Bauwerk einseitig genau den vorher berechneten Werten entsprechend und stellte sich dabei senkrecht.

Im Institut *Hydroenergoprojekt* konnten wir uns über die ingenieurgeologischen Arbeiten beim Bau von Talsperren unterrichten. Es werden drei Stadien der Vorbereitung von Talsperren unterschieden:

Erstes Stadium: Schema der Ausnutzung der Wasserkräfte (entspricht unserer Vorplanung). Hierzu gehören eine geologisch-lithologische Kartierung 1 : 100000 und eine Spezialkartierung der in Frage kommenden Sperrstellen 1 : 10000 und die Durchführung hydrogeologischer Untersuchungen. Auf Grund dieser Untersuchungen wird die bestgeeignete Sperrstelle ausgewählt.

Zweites Stadium: Projektaufgabe (entspricht unserer Vorprojektierung). Die Sperrstelle wird hierbei in einem größeren Maßstab, z. B. 1 : 10000, kartiert und ausführlich untersucht.

Drittes Stadium: Technisches Projekt. Die Stelle, an der die Staumauer oder der Staudamm gebaut werden soll, wird in einem noch größeren Maßstab, etwa 1 : 5000, aufgenommen. Dazu gehören Längs- und Querprofile in verhältnismäßig großem Maßstab. Das zu überflutende Gelände, also das Staubecken, wird in einem kleineren Maßstabe, z. B. 1 : 25000 kartiert. Bei allen diesen Arbeiten konnten wir eine sehr saubere Dokumentation feststellen.

Beim Besuch der *Hauptverwaltung für den Bau der Tunnel und Untergrundbahnen* (Metrostroi) wurden wir mit den Hauptproblemen beim Bau der Metro bekannt. Die ersten Strecken der Moskauer Metro wurden 1935 in Betrieb genommen. Als beste und wirtschaftlichste Methode beim Abteufen saigerer und schräger Schächte hat sich im Hinblick auf die Schwimmsanderscheinungen das Gefrierverfahren herausgestellt. Ein Modell der Tunnelvortriebsmaschine konnten wir auf der Ausstellung für Bauwesen sehen (Abb. 3).

Aufgesucht wurde von uns dann noch das *Allunionsinstitut für Straßenwesen.* Für die Projektierung von Straßen wird eine ingenieurgeologische Kartierung mit einer Bandbreite bis 200 m unter Zuhilfenahme von 2 m tiefen Schürfen durchgeführt. Danach wird ein Längsprofil angefertigt. Ein Hauptproblem ist naturgemäß die Frage der Frostgefährdung. Um Schäden durch Frost zu vermeiden, werden beim Straßenbau heute folgende Methoden angewendet:

1. Schüttung eines Dammes, so daß die Straßenoberkante 0,9 bis 1,1 m über Gelände liegt,
2. Einbau frostsicheren Bodens, Sand oder Kies, in einer Mächtigkeit von 0,6 bis 1,2 m,
3. Verdichtung des Untergrundes auf Grund einer Standardmethode; dabei sollen 98 bis 100% der Maximalverdichtung bei optimalem Wassergehalt erreicht werden.

Die erste Methode kann in fast allen Fällen angewendet werden. Die Anwendung der zweiten ist abhängig von den in der Natur vorkommenden Baustoffen. Für alle 3 Verfahren ist die Anbringung von Längs- und Querdränagen erforderlich. Das Frostkriterium von CASAGRANDE wird als solches nicht mehr angewendet, ist aber bei der Bearbeitung der neuen Vorschriften berücksichtig worden.

Die Studienreise hat uns wertvolle Anregungen gegeben, die sich auch auf unsere künftige Arbeit auswirken werden. Vor allem wurden durch die Ergebnisse der Reise unsere Bestrebungen unterstützt, die Begutachtungen für unseren Aufbau, also besonders des Bauwesens, zu verbessern. Wir sahen uns bestärkt in unseren Bemühungen, die ingenieurgeologischen Arbeiten für Zwecke der Perspektiv- und Vorplanung großräumiger zu betreiben, die Gutachten mit umfassenderen Dokumentationen auszustatten und ingenieurgeologische Schnitte und Profile nach festgelegter Methodik aufzustellen.

Neben den kartographischen Darstellungen des Baugrundes auf verschiedener (stratigraphischer, geomorphologischer, lithologisch-petrographischer) Grundlage in verschiedenen

Maßstäben und abgestimmt auf die verschiedenen Fachgebiete des Bauwesens (Städtebau, Verkehrsbauten, Talsperren usw.) wird es mehr als bisher notwendig sein, durch Beigabe bodenphysikalischer Kennwerte die Beschaffenheit der einzelnen Bodenschichten besser zu charakterisieren.

Um in dieser Richtung verstärkt zu arbeiten, und nachdem gewisse Vorarbeiten geleistet worden waren, fand am 23. und 24. 1. 1958 in Berlin eine Zusammenkunft aller Ingenieurgeologen der Staatlichen Geologischen Kommission statt, auf der einige Probleme erörtert und ein Arbeitskreis für ingenieurgeologische Kartierung und Dokumentation gebildet wurde. Dieser Arbeitskreis hat inzwischen beachtenswerte, bei den Geologischen Diensten ausgearbeitete Beispiele ingenieurgeologischer Kartierungen vorgelegt, von denen einige als Unterlagen für künftige Musterentwürfe dienen sollen und im Rat für gegenseitige Wirtschaftshilfe (Sektion „Hydrogeologie und Ingenieurgeologie") zur Diskussion gestellt werden.

Es sei noch erwähnt, daß inzwischen durch das Inkrafttreten der „Richtlinien für die ingenieurgeologische Mitarbeit der Staatlichen Geologischen Kommission" (Anlage 3 zur Deutschen Bauordnung vom 1. 8. 1957) auch bei uns der Grundstein zu einer zweckmäßigen ingenieurgeologischen Arbeit gelegt worden ist.

Die Moskauer Studienreise hat gezeigt, wie wichtig solche Zusammenkünfte interessierter Fachleute sind. Wir haben wertvolle Anregungen erhalten, und auch die sowjetischen Kollegen zeigten reges Interesse, unsere Erfahrungen, Methoden und Einrichtungen kennenzulernen, ein Grund mehr dafür, solche persönlichen Kontakte zu fördern.

# Kurzer Bericht über die Untersuchung von Kippenböden

MARTIN RÖSELER, Berlin

Im Zuge der Rekultivierungsmaßnahmen für die durch den Braunkohlentagebau zerstörten Flächen erwies es sich als notwendig, in größerem Rahmen zusätzlich zu der Begutachtung der Kippen an Ort und Stelle Untersuchungen der anfallenden Bodenproben im Laboratorium durchzuführen. Rein organisatorisch ergab sich die Notwendigkeit, die physikalische, mineralogische und chemische Untersuchung in verschiedenen Laboratorien vorzunehmen. Hier soll im wesentlichen nur von der letzteren die Rede sein. Um überhaupt einen Einblick in die chemischen Verhältnisse der Böden zu bekommen, wurde der Salzsäureauszug unter Berücksichtigung der Karbonate gemäß der vom Verband der Landwirtschaftlichen Untersuchungs- und Forschungs-Anstalten angegebenen Methodik (Verbandsmethode) angewendet. Dabei kamen in der Zeit von Ende Mai 1956 bis Februar 1958 über 800 Proben zur Untersuchung.

Folgende Bestimmungen wurden an den Bodenproben durchgeführt: Bestimmung des mechanisch gebundenen Wassers, der Karbonate, der organischen Substanz, Bestimmung von Kalium, Phosphor, Kalzium und Magnesium, Bestimmung der Sulfate, z. T. auch des Gesamtschwefels usw. Dabei wurden unter Einhaltung bestimmter Vorsichtsmaßregeln auch modernere Apparaturen wie Flammenphotometer, Kolorimeter, Cadmium-Reduktoren zur Anwendung gebracht. Die Messung des $p_H$ in Wasser, KCl- und Acetat-Lösung erfolgte im Röhrenvoltmesser des RFT Erfurt.

Die Bodenproben stammten aus Thräna, Witznitz und Schleenhain, weiter aus Plessa, Lauchhammer und Domsdorf, Lohsa, Weißwasser-Sedlitz, z. T. aus Zwickau, ferner Heide, Koschen, Brieske, Klein-Leipisch, Schipkau, Senftenberg, Schlabendorf, Holzweißig, Skado, Klettwitz, Laubusch, Greifenhain und z. T. aus den Investbohrungen für „Schwarze Pumpe" in Welzow, Stradow und Gosda.

Die wichtigsten aus dieser Aufarbeitung gewonnenen Werte sind die Gehalte an $K_2O$, $P_2O_5$ und CaO. Dabei ergaben sich für den Kaligehalt folgende Zahlen:

Je 100 g Boden enthielten

| | | |
|---|---|---|
| bis 10 mg $K_2O$ | 357 Proben | = 42,4% |
| bis 50 mg $K_2O$ | 337 Proben | = 39,9% |
| bis 100 mg $K_2O$ | 88 Proben | = 10,4% |
| bis 150 mg $K_2O$ | 38 Proben | = 4,5% |
| bis 200 mg $K_2O$ | 12 Proben | = 1,4% |
| über 200 mg $K_2O$ | 12 Proben | = 1,4% |

Betrachtet man dazu die aus der Literatur bekannten Grenzwerte für den Gehalt an $K_2O$, innerhalb derer unter 50 mg als arm bis sehr arm bezeichnet werden, so kann man ersehen, daß die meisten der zur Untersuchung gekommenen Böden in diese Kategorie fallen. Da es sich überwiegend um Böden aus dem Senftenberger Becken mit seinen Talsanden handelt, ist diese an sich bedauerliche Tatsache ohne weiteres erklärlich.

Bezüglich der Phosphorsäure errechnete sich folgende Übersicht:

Je 100 g Boden enthielten

| | | |
|---|---|---|
| bis 10 mg $P_2O_5$ | 318 Proben | = 38,2% |
| bis 50 mg $P_2O_5$ | 385 Proben | = 46,3% |
| bis 100 mg $P_2O_5$ | 95 Proben | = 11,4% |
| bis 150 mg $P_2O_5$ | 23 Proben | = 2,8% |
| bis 200 mg $P_2O_5$ | 7 Proben | = 0,8% |
| über 200 mg $P_2O_5$ | 4 Proben | = 0,5% |

Auch hier kann nur auf Grund der bekannten Grenzzahlen für den Gehalt $P_2O_5$ von einer außerordentlichen Armut an Phosphorsäure gesprochen werden.

Für den Gehalt an CaO ergibt sich dieses Bild:

Je 100 g Boden enthielten

| | | |
|---|---|---|
| bis 10 mg CaO | 168 Proben | = 20,5% |
| bis 50 mg CaO | 268 Proben | = 32,7% |
| bis 100 mg CaO | 101 Proben | = 13,4% |
| bis 150 mg CaO | 72 Proben | = 8,8% |
| bis 200 mg CaO | 39 Proben | = 4,8% |
| über 200 mg CaO | 162 Proben | = 19,8% |

Im Vergleich mit den aus der Literatur bekannten Grenzzahlen für den Gehalt an CaO liegen die gefundenen Werte nicht ganz so ungünstig wie bei Kali und Phosphorsäure.

Bei der Durchführung des Salzsäureauszuges in größerem Maßstabe fällt es auf, daß von den 500 cm³ Lösung (normalerweise 400 cm³ Salzsäure, 10%ig, und 100 cm³ $H_2O$), die auf den 200 g aufgewandten Boden stehen, verschiedene Mengen ablaufen. Es war daher naheliegend, die Flüssigkeit in einen graduierten Mischzylinder zu filtrieren und — wenn auch etwas roh — die abgelaufene Menge zu messen. Der dabei gewonnene Wert — hier Salzsäurezahl genannt — gibt ohne weiteres bereits einen gewissen Anhaltspunkt über die Güte des Bodens. Leichte Sande ergeben eine Salzsäurezahl um 430 bis zu 450. Bindige Böden mit Ton oder Humus und karbonathaltige Böden geben wesentlich niedrigere Zahlen, die unter 400, ja bis unter 300 absinken.

Einige Beispiele sind nachstehend aufgeführt.

| Proben Nr. | $CaCO_3$ % | Glühverlust % | HCl-Zahl |
|---|---|---|---|
| 795 | 0,00 | 0,85 | 430 |
| 799 | 0,00 | 39,82 | 250 |
| 800 | 0,00 | 2,33 | 315 |
| 1534 | 0,00 | 0,32 | 440 |
| 3 | 11,09 | 10,83 | 280 |
| 1084 | 10,33 | 14,02 | 285 |

Von Bedeutung ist es gerade bei Kippenböden, Klarheit über etwaige schädliche Beimengungen zu gewinnen. Der Salzsäureauszug gibt außer der Bestimmung von K, P, Ca und Mg noch die Möglichkeit, das Sulfat zu erfassen. Darüber hinaus erscheint es häufig angebracht, den Gesamtschwefel zu bestimmen. Der organisch gebundene Schwefel läßt sich durch Näherungsrechnung aus der organischen Substanz — Glühverlust oder Oxydation mit Kaliumbichromat — erfassen. Der nach Abzug dieses Wertes und des Sulfatschwefels vom Gesamtschwefel verbleibende Rest entfällt auf Sulfite, Sulfide usw. Dabei wurden z. T. erhebliche Unterschiede festgestellt. Zum Beispiel:

| Proben Nr. | % Gesamt-S. als $SO_3$ | % Sulfat-S. als $SO_3$ | % org.geb.S. als $SO_3$ | % Rest-S. als $SO_3$ |
|---|---|---|---|---|
| 1505 | 0,07 | 0,03 | 0,006 | 0,034 |
| 1245 | 2,72 | 0,75 | 0,24 | 1,73 |
| 1248 | 3,32 | 1,01 | 0,19 | 1,12 |
| K 3 | 0,07 | 0,02 | 0,03 | 0,02 |

In der Literatur finden sich Hinweise darauf, daß als unterste Grenze für die Schädlichkeit ein Gehalt von 0,1% $Cl'$ anzusehen ist. Die über einen längeren Zeitraum durchgeführten Chlorbestimmungen ergaben durchweg einen Chlorgehalt von 0,01% und darunter. Der Nachweis der Chloride kam daher nach einiger Zeit als nicht bedeutungsvoll ganz in Wegfall.

### Literatur

LANGE: Kolometrische Analyse. — 3. Aufl., Verlag Chemie, Berlin 1944.

METZE: Laboratoriumsbuch für Agrikulturchemiker. — 3. Aufl., Wilh. Knapp Verlag, Halle 1949.

MÜLLER: Praktikum der quantitativen chemischen Analyse. — 4. Aufl., S. Hinzel Verlag, Leipzig 1957.

THUN: Die Untersuchung von Böden. — 3. Aufl., Neumann Verlag, Radebeul und Berlin 1955.

WIEGNER-PALLMANN: Anleitung zum quantitativen agrikulturchem. Praktikum. — 2. Aufl., Gebr. Bornträger Verlag, Berlin 1938.

WIESSMANN-NEHRING: Agrikulturchemisches Praktikum. — 2. Aufl., Paul Parey Verlag, Berlin 1951.

# Die Verteilung der Pflanzenfossilien auf die Flöze des Plötz-Löbejüner Stefan

(Vorläufige Mitteilung)

WINFRIED & RENATE REMY, Berlin

Seit Beginn unserer Arbeiten im Plötz-Löbejüner Karbon war es unser Ziel, ein paläontologisch orientiertes Richtprofil für diesen Raum aufzustellen. Es ist dies ein Vorhaben, das um so wichtiger erscheint, als das Stefan in Deutschland wenig verbreitet und noch weniger untersucht ist. Außerdem ist es unserer Meinung nach sehr wesentlich, daß man sich auch in limnischen Revieren mit modernen Arbeitsmethoden vom Zufallsfund freimacht. Leider haben unsere bisherigen Bemühungen sehr wenig Verständnis und praktisch keine Unterstützung gefunden. Es ist bedauerlicherweise von geologischer Seite bisher nicht eingesehen worden, daß ein derartiges Richtprofil, wenn es auch zunächst nur lokale Bedeutung haben kann, nicht etwa nur für die wissenschaftliche paläobotanische Untersuchung eines Vorkommens, sondern gerade für die Praxis, d. h. für die Auswertung von Bohrungen, Untertage-Kartierungen und Vorratsberechnungen, sehr wertvoll ist. Dies um so mehr, als ein petrographisch fundiertes und anwendbares Richtprofil gerade für die Flözregion im Plötz-Löbejüner Raum nicht existiert. Bisher wurde noch nie versucht, die Untertageaufschlüsse, welche in Plötz und Löbejün die einzige Grundlage für ein derartiges Unternehmen sind, auch paläontologisch auszuwerten; unsere Ende 1955 in Plötz gemachten Vorschläge wurden zunächst als undurchführbar betrachtet.

Schon die ersten Untersuchungen der Bohrungen in der zweiten Hälfte des Jahres 1956 zeigten aber, daß unser oben geschilderter Vorschlag die einzige Möglichkeit für eine erfolgreiche Arbeit sein konnte, da die Flöze nur selten in den Bohrungen nachgewiesen wurden und oft ein erheblicher Fazieswechsel der Sedimente zwischen benachbarten Bohrungen verzeichnet werden kann. Wir haben uns aus arbeitstechnischen Gründen und vor allem, um recht bald für die Flözhorizontierung innerhalb der Bohrungen Anhaltspunkte geben zu können, zunächst darauf beschränkt, ein rein paläobotanisch fundiertes Richtprofil der flözführenden Zone, soweit sie bauwürdig ist, unter Tage aufzunehmen. Das heißt, wir haben zunächst als Teilarbeit nur die Flöze 1 bis 3 näher untersucht. Dabei fanden wir die volle Unterstützung der Mitarbeiter der Objektgruppe Löbejün der Staatlichen Geologischen Kommission, der Fachleute also, die auch bisher einzig und allein an diesem Vorhaben interessiert waren und mit denen abgesprochen wurde, sobald die Aufschlußverhältnisse günstig seien, eine Untertagekartierung mit spezieller paläontologischer und sedimentologischer Auswertung durchzuführen; diese grundlegende Kartierung ist uns jedoch bis jetzt noch nicht ermöglicht worden, obwohl zeitweise sehr gute Aufschlußverhältnisse vorhanden waren. Unsere Mitteilung ist daher zunächst nur als ein vorläufiger, zwar gut fundierter, aber noch längst nicht in der ganzen Breite voll ausgearbeiteter Beitrag zu werten.

Unsere Untersuchungen beschränkten sich zunächst auf die Feldteile des Hauptschachtes in Plötz und auf die des Martinschachtes bei Löbejün. Die im folgenden gegebenen Ausführungen sind ein Niederschlag unserer Arbeiten im Hornfeld des Hauptschachtes in Plötz, in einem Bereich, der uns und die zuständigen Geologen besonders interessierte, da das Hornfeld an das durch Bohrungen aufgeschlossene Toten-Weg-Gebiet angrenzt. Die Arbeit wurde durch die starken tektonischen Einflüsse in diesem Raume sehr erschwert, da nie die ungestörte Flözfolge vorhanden ist; dadurch waren auch die Geologen selten imstande, eindeutige Angaben über die

**Zusammenstellung und Verteilung der an den wichtigsten Aufnahmepunkten der Flöze 1 bis 3 gefundenen Pflanzenreste**

| Flöz | 1 | 2 | | | 3 | | | | | |
|---|---|---|---|---|---|---|---|---|---|---|
| Punkt | 1 | 2 | 3 | 4 | 5 | 6 | 7 | 8 | 9 | |
| | | | ++ | | ++ | ++ | + | + | + | Lepidophytenblätter |
| | | | | | ++ | | | | + | *Lepidophyllum sp.* |
| | | + | + | + | ++ | + | + | | | Sigillarienstammreste |
| | | | | | | | | + | | Lepidophytenstammrest |
| | | | | | ++ | ? | | | | Lepidophytenzapfen |
| | | | | | | | | + | | *Calamites* Typ. *undulatus* |
| | + | | | | | | | | | *Calamites sp.* Typ. A |
| | | | | | + | + | | | | *Calamites sp.* Typ. B |
| | | | | | + | | | | | *Calamites sp.* Typ. C |
| | + | + | + | + | + | ++ | | | | *Calamites sp.* (unbestimmbar) |
| | | | + | + | + | + | | | | Calamitenepidermen |
| | + | + | ++ | + | + | | + | | | *Annularia stellata* |
| | | | | | ++ | | + | + | | *Annularia sphenophylloides* |
| | | | ++ | | | | | | | *Asterophyllites equisetiformis* |
| | | | | | ? | + | + | | | *Asterophyllites sp.* |
| | | | + | + | | | + | | | *Calamostachys tuberculata* |
| | | | + | + | | + | | | | *Calamostachys sp.* |
| | | | | | + | ++ | | + | | *Sphenophyllum verticillatum* |
| | | | ++ | ++ | | | | | | *Sphenophyllum angustifolium* |
| | | | | | | | + | | | *Sphenophyllum oblongifolium* |
| | | | | | | | ? | | | *Sphenophyllum longifolium* |
| | | | | + | | | | | | *Sphenophyllostrobus sp.* |
| | | | | | | + | | | | Articulatenzapfen |
| | | | + | | | | | | | *Sphenopteris sp.* |
| | | | ++ | | | + | | | | *Pecopteris truncata* |
| | | | ++ | + | | ? | | | | *Pecopteris bredovii* |
| | + | | + | + | | | + | | | *Pecopteris unita* |
| | | + | | | | | + | | + | *Pecopteris integra* |
| | | | + | | | | | | | *Pecopteris feminaeformis* |
| | | | | | ++ | | ++ | ++ | ++ | *Pecopteris lepidorachis* |
| | | | | | + | | | | | *Pecopteris pluckeneti* |
| | | | ++ | + | | | | | | *Pecopteris candolleana* |
| | | | + | + | | | | | | *Pecopteris cyathea-arborescens* |
| | | | + | + | | | | | | *Pecopteris sp.* Typ. A |
| | | | | | | | + | ++ | + | *Pecopteris sp.* Typ. B |
| | | | | | | | ++ | | | *Pecopteris sp.* Typ. C |
| | | | | | ++ | | | | | *Pecopteris sp.* Typ. D |
| | | | + | | + | | | | | *Pecopteris sp.* Typ. E |
| | | | + | + | + | | | | | *Pecopteris sp.* (unbestimmbar) |
| | | | | | | ++ | ++ | ++ | + | *Callipteridium pteridium* |
| | | | | | | + | + | + | + | *Aphlebia sp.* Typ. A |
| | | | | | | + | + | + | + | *Aphlebia sp.* Typ. B |
| | | | | | | | + | | | *Odontopteris minor var. zeilleri* |
| | | | + | | | | | | | *Alethopteris subelegans* |
| | ++ | | | | | | | | | *Neuropteris auriculata* |
| | | | | | | | + | | | *Caulopteris sp.* |
| | ++ | | | | | | | | | *Walchia piniformis* |
| | ++ | | | | | | | | | *Cordaites principalis* |
| | | | | | | | | + | | *Cordaites sp.* |
| | + | | | | | | | | | *Trigonocarpus sp.* |
| | | | + | | | | | | | *Samaropsis sp.* |
| | | | + | | | | | | | Samen |
| | | | | + | | | | + | | Feinpunktierte Achsen |
| | | | | | + | | + | + | | Grobbedornte Achsen |
| | | | | | | | + | + | + | Grobländsgestreifte Achsen |
| | | | | + | + | | | + | + | Wurzeln |

\+ = vorhanden ++ = sehr häufig

stratigraphische Stellung der angefahrenen Flöze zu machen. Infolge eines günstigen Umstandes war es uns jedoch möglich, zunächst das Flöz 1 zu charakterisieren und als nächstes das Flöz 3 floristisch zu erfassen. Es hat sich dann im Gegensatz zur Meinung der Geologen gezeigt, daß gerade das Flöz 3 ganz eindeutig zu erkennen ist. Wir haben die Flora dieses Flözes an mindestens 10 Fundpunkten im Bereich des Hornfeldes nachprüfen können, wobei wir unsere Meinung an Hand der von Diplomgeologen KAMPE und seinen Mitarbeitern durchgeführten geologischen Streckenkartierung teilweise sehr gut erhärten konnten.

Im Gegensatz zu der von W. & R. REMY 1958[1]) gegebenen Mitteilung der nur charakteristischen Pflanzenreste werden hier jetzt alle Pflanzenreste zusammengestellt, die an den in der Tabelle ausgewerteten Untertagefundpunkten festgestellt wurden; die Gesamtflora des Plötz-Löbejüner Stefan ist noch wesentlich reicher. Die Auswertung wird der Übersichtlichkeit halber und, um das Aushalten von einzelnen Arten bzw. die Auswirkung von Faziesverhältnissen deutlicher zu kennzeichnen, in Form einer Tabelle vorgenommen; die einzelnen Flöze sind bereits in der Tabelle getrennt aufgeführt. Einige bisher noch nicht taxonomisch endgültig geklärte Arten werden z. B. als *Pecopteris* sp. Typ A usw. angeführt.

Infolge der Ungunst der Aufschlußverhältnisse konnten nicht alle Flöze gleichwertig untersucht werden. So ist z. B. Flöz 1 nur an drei oder vier Stellen, dagegen Flöz 3 an mehr als zehn Stellen untersucht worden. Es stehen eben Arbeiten aus, die noch durchgeführt werden sollten, uns aber z. Zt. nicht ermöglicht werden.

Wenn man die Übersichtstabelle betrachtet, fallen die auch bei den Bohrungen wiederkehrenden Pflanzengemeinschaften, mit denen man die einzelnen Flöze charakterisieren kann, deutlich auf.

Neben der allgemeinen Aufnahme aller am Flöz vorkommenden Pflanzen ohne feine Untergliederung in einzelne Flözfolgegesellschaften wurde an einigen Stellen, an denen es der Streckenausbau ermöglichte, ein horizontiertes Feinprofil aufgenommen. Zur Veranschaulichung seien zwei Pflanzenlisten aufgeführt.

1. Pflanzenvergesellschaftungen aus dem Hangenden von Flöz 2:

0—10 cm über dem Flöz:

Lepidophytenblätter (häufig)
*Lepidophyllum sp.*
*Calamostachys tuberculata*
*Calamostachys sp.*
Calamitenwurzeln
*Annularia stellata*

2. Pflanzenvergesellschaftungen aus dem Hangenden von Flöz 3:

10—20 cm über dem Flöz

*Pecopteris pluckeneti*
*Pecopteris sp.* Typ. B
*Callipteridium pteridium*
punktierte Achsen
Wurzelfetzen

[1]) W. & R. REMY: Über die Möglichkeit der Flözparallelisierung im Plötz-Löbejüner Raum. — Z. angew. Geol. 4, H. 7, S. 311—312, 1958.

*Asterophyllites sp.*
*Sphenophyllum angustifolium*
*Pecopteris pluckeneti*
*Pecopteris cyathea-arborescens*
*Pecopteris* cf. *hemitelioides*
*Pecopteris truncata* (häufig)
*Pecopteris bredovii*
*Pecopteris sp.* (unbestimmbar)

30—40 cm über dem Flöz:
Lepidophytenstammreste
Lepidophytenblätter
*Annularia stellata*
*Asterophyllites equisetiformis*
*Asterophyllites sp.*
*Pecopteris truncata*
*Pecopteris candolleana*
*Pecopteris cyathea-arborescens*
*Asterotheca sp.*

40—50 cm über dem Flöz:
Lepidophytenblätter
*Lepidophyllum sp.*
*Annularia stellata*
*Annularia sp.*
*Asterophyllites equisetiformis*
*Asterophyllites sp.*
*Sphenophyllum angustifolium*
*Sphenopteris sp.*
*Pecopteris truncata*
*Pecopteris bredovii*
*Pecopteris feminaeformis*
*Pecopteris candolleana*
*Pecopteris cyathea-arborescens*
*Pecopteris pluckeneti*
*Pecopteris sp.* Typ. A
*Asterotheca sp.*
*Alethopteris subelegans*
*Samaropsis sp.*

80—90 cm über dem Flöz:
Lepidophytenblätter
*Lepidophyllum sp.*
*Annularia stellata*
*Asterophyllites sp.*
*Sphenophyllum angustifolium*
*Sphenopteris sp.*
*Pecopteris candolleana*
*Pecopteris unita*
*Pecopteris sp.* Typ. A
*Asterotheca sp.*
*Alethopteris sp.*

20—30 cm über dem Flöz:
Lepidophytenblätter
*Annularia sphenophylloides*
*Pecopteris lepidorachis*
*Pecopteris sp.* Typ. B
*Callipteridium pteridium* (häufig)
*Aphlebia* sp., glattrandig
*Aphlebia sp.*, lazeriert
grobpunktierte Achsen
Wurzelreste
*Cordaites sp.*

30—40 cm über dem Flöz:
Lepidophytenblätter
*Pecopteris lepidorachis*
*Callipteridium pteridium*

50—60 cm über dem Flöz:
Lepidophytenblätter
Lepidophytenstammrest
*Calamites* Typ. *undulatus*
*Annularia sphenophylloides*
*Pecopteris lepidorachis* (häufig)
*Pecopteris sp.* Typ. B
*Callipteridium pteridium* (häufig)
grobpunktierte Achsen

70—75 cm über dem Flöz:
*Sphenophyllum verticillatum*
*Pecopteris sp.* Typ. B
*Callipteridium pteridium*
längsstreifige Achsenreste

Die in den Listen aufgeführten Pflanzenvergesellschaftungen aus engeren Horizonten sind aber keineswegs in allen Fällen echte Lebensgemeinschaften (Biocönosen), sondern zum Teil auch Totengemeinschaften (Thanatocönosen); das spielt jedoch für die Kennzeichnung der Flözfolgegesellschaften in dem uns vorliegenden Fall keine Rolle, da diese Reste, wie die lithologische Fazies zeigt, nie aus sehr großer Entfernung eingeschwemmt worden sein können.

Da von uns etwa 15 bis 20 verschiedene Punkte unter Tage untersucht wurden, sind Zufälligkeiten, die das Ergebnis wesentlich verändern könnten, weitgehend ausgeschlossen; es ist eine Gesetzmäßigkeit für das Hornfeld und, wie die Bohrungen gezeigt haben, auch für das Gebiet um den Toten-Weg klar erkennbar. Die engere Umgebung des Schieds-Berges scheint nach unseren bisherigen Ermittlungen faziell von diesem Schema abzuweichen; das wäre aber durch spezielle Untersuchungen noch zu klären. Es handelt sich hierbei vielleicht um eine Randfazies. Natürlich weichen alle diejenigen Regionen von dem pflanzlichen „Normal-" Profil ab, in denen es nicht zur Flözbildung kam und wo oft eine durchgehende „Teich- und Sumpfsee-Fazies" mit Muscheln, mit Ostracoden und anderen Crustaceen oder mit Fischen herrscht. Man muß also das von uns aufgestellte Pflanzenprofil durch weitere Untersuchungen ergänzen, und man darf es nur auf diejenigen Gebietsteile beziehen, in denen die flözführende Fazies vorherrscht. Der starke und auf engem Raum erkennbare Fazieswechsel, der auch die Aufstellung von auf größerem Raum verwendbaren Richtprofilen erschwert, ist typisch für die limnischen Reviere. Das bedeutet, daß man in Anlehnung an die verschiedenen Faziesverhältnisse zunächst mehrere Richtprofile untersuchen muß, aus denen sich dann das geologische Normalprofil ableiten läßt.

Es ist aber trotzdem notwendig und an der Zeit, endlich einen Richtschnitt, d. h. eine Neuaufnahme bzw. Zusammenfassung der Ergebnisse der paläobotanischen, paläozoologischen und petrographischen Aufnahmen, für das Plötz-Löbejüner Karbon durchzuführen. Auf diese Weise wäre zunächst ein Richtschnitt (Normalprofil) der oberen Wettiner Schichten aufzustellen, wobei dann auch die bei einigen Bohrungen so sehr auffallenden biofaziellen (ökologischen) Unterschiede noch deutlicher herauskommen würden. Derartige Vorhaben sind aber nur noch so lange möglich, wie der Bergbau in diesem Gebiet umgeht. Für spätere Bohrungen und Aufschlußuntersuchungen auch in anderen Gegenden wäre ein exakt aufgenommener Richtschnitt für den Vergleich und besonders für die Lösung paläogeographischer Fragen unerläßlich. Eine im Zusammenhang damit erfolgende faziell-ökologische Bearbeitung des Gesamtvorkommens könnte wiederum für die geologische Deutung und für die exakte Beurteilung der Lagerstätte sehr wichtig sein.

# Spektrochemische Übersichtsanalyse mineralischer Rohstoffe und Darstellung ihrer Ergebnisse

JOACHIM OTTEMANN, Berlin

Die wesentlichen Vorteile spektrochemischer Untersuchungsmethoden wie hohe Nachweisempfindlichkeit, absolute Eindeutigkeit des Elementnachweises, Geschwindigkeit und geringer Substanzverbrauch kommen in besonderem Maße bei der sogenannten „Übersichtsanalyse" zur Geltung.

Die Anregungsart dieser Methode ist bei den zumeist silikatischen Stoffen praktisch immer der Gleichstromdauerlichtbogen zwischen Kohleelektroden, da mit seiner Hilfe eine maximale Nachweisempfindlichkeit der Elemente erreicht wird.

Bei der Übersichtsanalyse wird die fotografische Aufnahme des Spektrums einer Probe auf das Vorkommen aller mit der angewendeten Methode erfaßbaren Elemente zugleich geprüft.

Dieser rein qualitative Nachweis der in einer Probe vorhandenen Elemente kann für die geologische Erkundung im einzelnen Fall von Bedeutung oder auch unbedeutend sein. Er ist bedeutend, wenn ein sehr seltenes und technisch wertvolles Element, z. B. Rhenium, eindeutig nachgewiesen wird, unbedeutend dagegen, wenn das Vorkommen eines spektrochemisch hochempfindlichen Elements mit größerer Verbreitung, z. B. Kupfer, festgestellt wird, dessen Nachweisbarkeit bis zu $5 \cdot 10^{-5}$ Gew.-% in der Probe (d. s. 0,5 g/t, entsprechend einer Absolutkonzentration von nur 0,005 γ, wenn man eine Elektrodenfüllung von 10 mg Probe zugrunde legt) herabgeht und damit schon unterhalb der Häufigkeit in Eruptivgesteinen von 70 g/t und sogar in Böden von 1—10 g/t liegt. So erklärt sich auch, daß in den unten erläuterten Beispielen Abb. 3, 4, 5, 6, 7 immer Cu auftritt. Das Silber mit der gleich hohen Nachweisempfindlichkeit von 0,5 g/t findet sich nicht so oft, da seine Häufigkeit in magmatischen Gesteinen nur 0,1 g/t beträgt.

Es ergibt sich hieraus die Forderung nach einer — wenn auch nur annähernden — Konzentrationsangabe. Diesem Umstand kommt ein wichtiges Grundgesetz der Spektrochemie zu Hilfe, das besagt: Die ein chemisches Element kennzeichnende Strahlung ist um so lichtstärker, je mehr Atome dieses Elements in der Lichtquelle vorhanden sind. Man kann also aus der Strahlungsintensität von Spektrallinien bzw. von ihren Schwärzungsgraden auf der fotografischen Platte quantitative Rückschlüsse ziehen. Praktisch wird nun bei der Übersichtsanalyse so vorgegangen, daß man die Linienintensität, also den Schwärzungsgrad der jeweiligen Analysenlinie, visuell abschätzt. Diese Intensitätsschätzung wird dadurch wesentlich erleichtert, daß man bei jeder Spektralaufnahme ein frequenzunabhängiges Stufenfilter in den Strahlengang einschaltet, so daß etwa bei einem Dreistufenfilter das Spektrum in drei übereinander erscheinenden Teilaufnahmen unterteilt ist, z. B. mit 20, 100 und 4% Lichttransparenz. Erkennt man lediglich bei der 100%-Stufe die Andeutung einer Linie, so bedeutet das die schwächste Lichtintensität, welche der Nachweisbarkeitsgrenze gleichkommt; erscheint dagegen die Analysenlinie bereits in allen drei Stufen, jedoch nur ganz schwach in der 4%-Stufe, so liegt eine mittlere Lichtintensität vor. Auch die Breite der Linien wird zur Abschätzung herangezogen. Ein geübtes Auge vermag noch sehr feine Schwärzungsunterschiede reproduzierbar zu erkennen.

Bei der Auswertung der Spektren unterscheiden wir folgende Linienintensitäten: Sehr stark (stst), stark (st), mittel (m), schwach (s), sehr schwach (ss), wobei auch Zwischenstufen wie stark bis sehr stark (st—stst) oder schwach bis mittel (s—m) angegeben werden können.

In dem vom Verfasser entworfenen und bei der Staatlichen Geologischen Kommission seit 1951 eingeführten Formblatt „Spektrochemische Untersuchung" werden diese Linienintensitäten für die jeweils gefundenen Elemente eingetragen (siehe Tab. 1). Sie geben nun zunächst nur eine für das betreffende Element spezifische Information über seine relative Konzentration; denn die Nachweisempfindlichkeit der Elemente ist sehr unterschiedlich. Das hat verschiedene Ursachen. Zunächst lassen sich die einzelnen Elemente infolge ihrer verschieden hohen Ionisierungsenergie nicht alle gleich leicht zur Emission bringen. Die Elemente, die schon durch geringe Energie zum Leuchten angeregt werden, haben die höchste Nachweisempfindlichkeit. Hierzu gehören neben dem schon erwähnten Kupfer auch Silber und Natrium. Elemente mit relativ hoher Ionisierungsenergie sind demgegenüber wesentlich unempfindlicher. Ihre Nachweisbarkeitsgrenze liegt bereits bei höheren Konzentrationen, z. B. Tellur mit 0,02% oder Arsen mit 0,01%, entsprechend 100 g/t (Tab. 2).

Nun wird die Nachweisbarkeitsgrenze nicht allein von spezifischen Atomeigenschaften, deren eine die Ionisierungsenergie ist, bestimmt. Es kommt natürlich darauf an, welche Spektrallinien eines Elementes zum Nachweis zur Verfügung stehen. Nimmt man die — physikalisch gesehen — stärksten Linien, d. s. die Quantensprünge nach dem Grundzustand des Atoms, als Hauptnachweislinien, so bekommt man die maximale Empfindlichkeit. Der Spektralbereich des jeweils benutzten Spektralapparates ist jedoch begrenzt; beim

Tabelle 1. **Teilausschnitt aus dem Formblatt „Spektrochemische Untersuchung"**

Bezeichnung der Probe: Granit/Mühlleithen

Art der Untersuchung: Kohlelichtbogen (Anodenanregung)

| Probe | 1 | 2 | 3 | 4 | Probe | 1 | 2 |
|---|---|---|---|---|---|---|---|
| Ag[1]) 0,00005 | — | | | | Ge 0,0005 | — | |
| Al 0,001 | stst | | | | Hf 0,01 | | |
| As 0,01 | — | | | | Hg | | |
| Au 0,001 | | | | | Ho | | |
| B 0,001 | | | | | In 0,0005 | | |
| Ba 0,0005 | s-m | | | | Ir 0,005 | | |
| Be 0,001 | st | | | | K 0,05 | st | |
| Bi 0,002 | — | | | | La 0,001 | | |
| C | | | | | Li 0,0005 | ss | |
| Ca 0,0002 | stst | | | | Mg 0,0002 | st | |
| Cd 0,001 | — | | | | Mn 0,001 | stst | |

Linienintensitäten:
stst = sehr stark; st = stark, m = mittel, s = schwach, ss = sehr schwach)
— = nicht gefunden

[1]) Zur Beurteilung der Konzentrationen aus den Linienintensitäten sind als Maßstab die ungefähren Nachweisbarkeits-Grenzkonzentrationen (= ss in Prozent des jeweiligen Elements angegeben.

Tabelle 2.
Zusammenhang zwischen Nachweisbarkeitsgrenze einiger Elemente, Wellenlänge, Anregungs- und Ionisierungsenergie

| Element | Nachweisbarkeitsgrenze % | Wellenlänge Å | Anregungsenergie eV[1]) | Ionisierungsenergie des Atoms eV[1]) |
|---|---|---|---|---|
| Natrium | ≈ 0,00005 | 5889,95 | 2,11 | 5,14 |
| Natrium | ≈ 0,001 | 3302,32 | 3,74 | 5,14 |
| Silber | ≈ 0,00005 | 3382,89 | 3,65 | 7,57 |
| Kupfer | ≈ 0,00005 | 3247,54 | 3,80 | 7,72 |
| Tellur | ≈ 0,02 | 2385,76 | 5,8 | 9,01 |
| Arsen | ≈ 0,01 | 2349,84 | 6,6 | 9,81 |

[1]) Werte nach SAIDEL-PROKOFJEW-RAISKI (1955).

UV-Quarzspektrographen Qu 24, mit dem wir Übersichtsanalysen ausführen, liegt er zwischen etwa 2000 und 5000 Å. Man kann also in manchen Fällen die an und für sich stärksten Linien eines Elementes nicht verwenden und muß dann mit weniger empfindlichen vorliebnehmen. Zum Beispiel bezieht sich die oben angeführte Grenzkonzentration für Natrium mit $5 \cdot 10^{-5}$ auf die Hauptnachweislinie $\lambda = 5889{,}9$ Å, die aber weit im sichtbaren Gebiet und schon nicht mehr im Spektralbereich des Qu 24 liegt, so daß man beim Gebrauch des Quarzspektrographen auf die Natriumlinie NaI 3302,9 Å angewiesen ist. Diese Linie besitzt jedoch nur $^1/_{30}$ der Intensität der gelben Natriumlinie, ihre Grenzkonzentration liegt bei etwa 0,001%.

Wegen der merklichen Absorption des kurzwelligen Ultravioletts durch die Quarzoptik, sowie durch die fotografische Emulsion, sind auch die Hauptnachweislinien des Antimons bei 2068,4 Å und des Zinks bei 2138,5 Å unbrauchbar.

Die Hauptlinie des Arsens bei 1890,5 Å liegt schon völlig außerhalb des erfaßbaren Teiles des Spektrums nach der kurzwelligen Seite. Auch bei diesen Elementen muß man auf weniger empfindliche Linien zurückgreifen, so daß aus diesen Gründen ihre Nachweisempfindlichkeit relativ gering ist. Die Grenzkonzentrationen liegen für Antimon bei etwa 0,002%, für Zink und Arsen bei etwa 0,01%.

Außer der Ionisierungsenergie und der Lage der Analysenlinien im Spektrum gibt es noch eine Reihe weiterer Faktoren, die für die Nachweisbarkeit eines Elementes ausschlaggebend sind. Hierzu gehört vor allem die verschiedene Verdampfbarkeit der Elemente im Lichtbogen, die wiederum von den vielfältigen chemischen Reaktionen auf der Kohleelektrode abhängig ist (O. LEUCHS 1950—52). Ferner sind Art und Formgebung der Kohleelektroden sowie das benutzte fotografische Plattenmaterial von Bedeutung.

Aus allen diesen Gründen resultiert eine sehr unterschiedliche Nachweisempfindlichkeit der Elemente bei konstanten Untersuchungsbedingungen. Sie bewegt sich bei dem von uns gebräuchlichen Verfahren zwischen den Grenzkonzentrationen 0,1 und 0,00005%.

Die starke Schwankung in den Nachweisbarkeitsgrenzen der Elemente untereinander erschwert die richtige Deutung von Linienintensitätsangaben erheblich. Um dem mit der Auswertung des spektrochemischen Ergebnisses bemühten Geologen eine Hilfe zu geben, wurden auf Anregung von Herrn Dr. GRASSMANN 1955 unter den Elementsymbolen im Formblatt „Spektrochemische Untersuchung“ die Werte für die ungefähren Nachweisbarkeits-Grenzkonzentrationen eingesetzt, die den Linienintensitätsstufen „sehr schwach“ in Prozent der verschiedenen Elemente entsprechen. Diese Angabe der Grenzkonzentrationen erleichtert die Deutung der Ergebnisse insofern, als man das Verhältnis der Linienintensitäten der Elemente untereinander besser beurteilen kann. So muß z. B. die Intensitätsangabe „stark“ bei Arsen mit ss = 0,01% einen viel höheren Gehalt bedeuten, als etwa die gleiche Intensitätsangabe bei Silber mit ss = 0,00005%. Doch bleibt hierbei eine eigentliche Konzentrationsangabe bei der Bewertung der Linienintensitäten noch offen.

Vergleichende Untersuchungen an vielen mineralischen Rohstoffen sowie an Eichproben bekannten Gehalts mit silikatischer Grundmasse haben ergeben, daß bei Anwendung unseres Verfahrens die einzelnen Intensitätsstufen: sehr schwach, schwach, mittel, stark und sehr stark in erster Annäherung um je eine Zehnerpotenz in der Elementkonzentration auseinanderliegen. Das gilt am genauesten für die mittleren Intensitäten. Die höheren Intensitätsstufen folgen dieser logarithmischen Beziehung zwischen Intensitätsstufe und Konzentration naturgemäß nicht mehr genau wegen des Umbiegens der Schwärzungskurve der fotografischen Platte bei stärkeren Schwärzungen z. B. auch infolge der sogenannten Selbstabsorption der Analysenlinien bei hohen Konzentrationen. Trotz allem besteht auf Grund dieser logarithmischen Beziehung zwischen geschätzter Intensitätsstufe und Konzentration eines Elementes die Möglichkeit, die oben erhobene Forderung nach einer Konzentrationsangabe bei der Übersichtsanalyse bis zu einem gewissen Grade zu erfüllen.

Es fragt sich nun, wie man die Transformierung der Linienintensitäten in Konzentrationsangaben möglichst einfach und anschaulich vollziehen kann. Um diese Frage einer Lösung näherzubringen, wurde ein Konzentrationsdiagramm in Kreisform entworfen (siehe Abb. 1). Auf dem Außenkreis sind in gleichen Abständen die einzelnen chemischen Elemente, durch ihr Symbol gekennzeichnet, am Ende je eines Radialstrahles aufgetragen. Die Kreisfläche ist durch Kreise verschiedener Durchmesser unterteilt. Diese geben die annähernden Konzentrationen an, wobei die Konzentration von innen her mit dem Durchmesser stufenweise von 0,0001 bis $>1$% zunimmt. Der Grundkreis, das ist der kleinste Kreis, gibt das Fehlen eines Elementes an, d. h., es wurde überhaupt nicht gefunden. Die unregelmäßig zickzackförmigen Kurven verbinden gleiche Linienintensitätsstufen der verschiedenen Elemente miteinander.

Die im Formblatt „Spektrochemische Untersuchung“ (Tab. 1) verzeichneten Linienintensitäten werden nun derart in das Konzentrationsdiagramm eingetragen, daß vom Grundkreis aus radial nach außen Linien stark ausgezogen werden bis zu der Stelle, an der die zu treffende Intensitätsstufe des Elements auf dem Radialstrahl vermerkt ist. Bei Fehlanzeige eines Elements wird auf dem Grundkreis lediglich ein Punkt deutlich eingezeichnet.

So werden mit Hilfe dieses Konzentrationsdiagramms die Unterschiede in den Nachweisbarkeitsempfindlichkeiten der Elemente eliminiert; die ausgezogenen Strahlen gleicher Länge entsprechen nun kommensurablen Konzentrationen. Der mittlere Kreis mit der Konzentrationsstufe 0,1% ist stärker hervorgehoben. Was über ihn hinausragt, gehört im wesentlichen zu den Hauptbestandteilen der untersuchten Probe, wogegen die Strahlen, die zwischen Grundkreis und 0,1%-Kreis liegen, schon zu den Spurenelementen gerechnet werden können.

Im Formblatt „Spektrochemische Untersuchung“ sind die Elemente nach ihren Symbolen alphabetisch geordnet. Das ist der schnellen Orientierung wegen notwendig; doch fehlt dieser Anordnung der Elemente ein wissenschaftlich begründeter Zusammenhang. Eine alphabetische Ordnung im Konzentrationsdiagramm wurde daher vermieden.

Wenn man die Elemente nach ihren Atomgewichten, oder besser nach ihren Atomzahlen im Periodischen System ordnen würde, so läge ohne Zweifel — chemisch gesehen — ein wissenschaftliches Prinzip zugrunde, doch würde dieses dem mit der Auswertung der Analysenergebnisse beschäftigten Geologen, Mineralogen oder

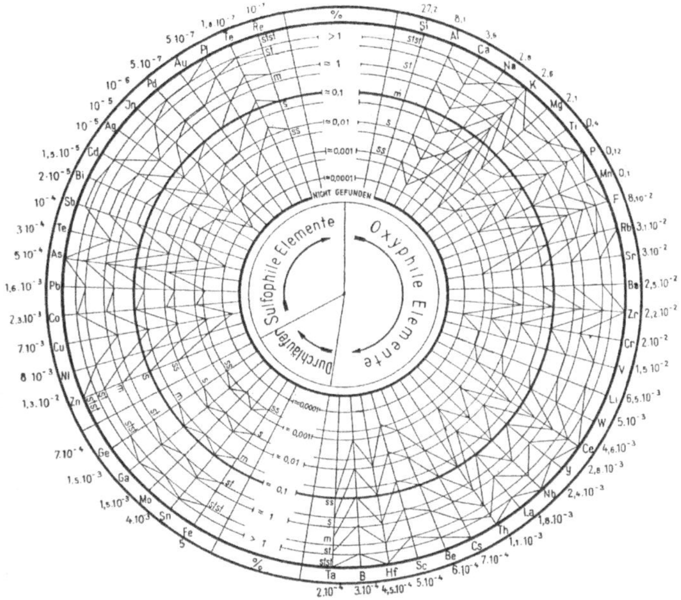

Abb. 1

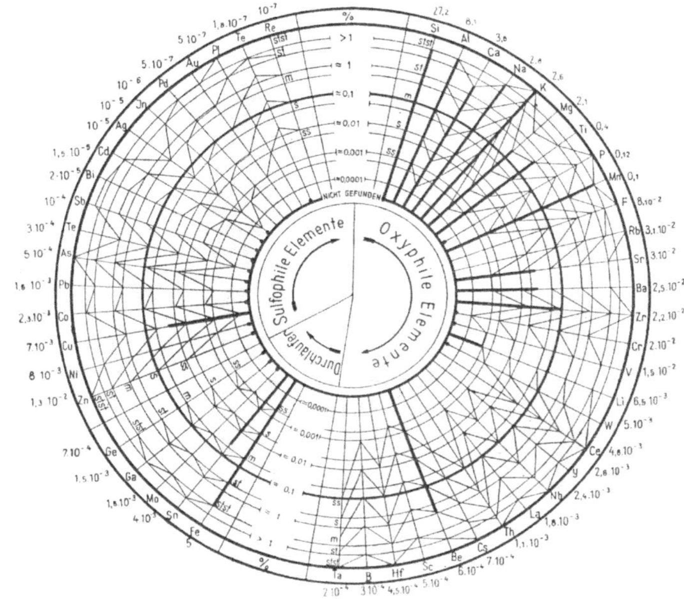

Abb. 2

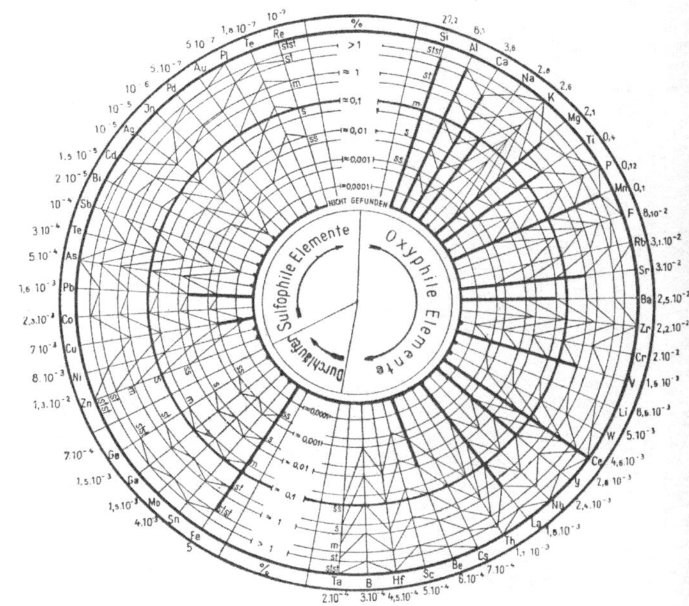

Abb. 3

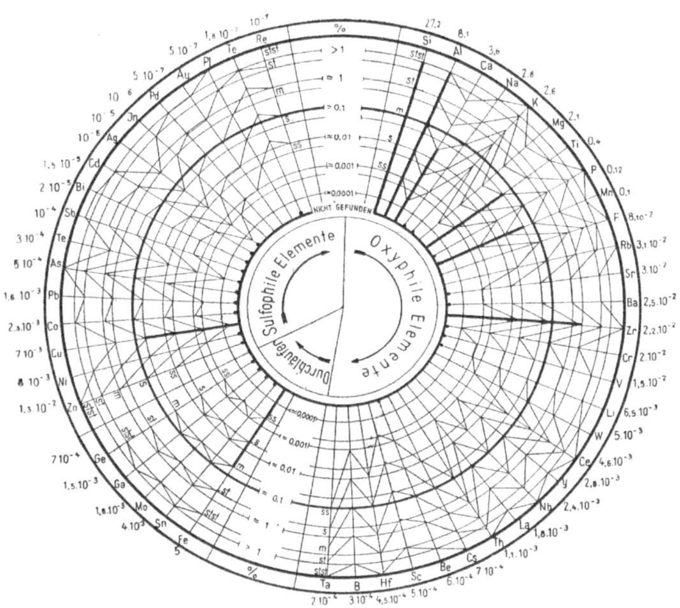

Abb. 4

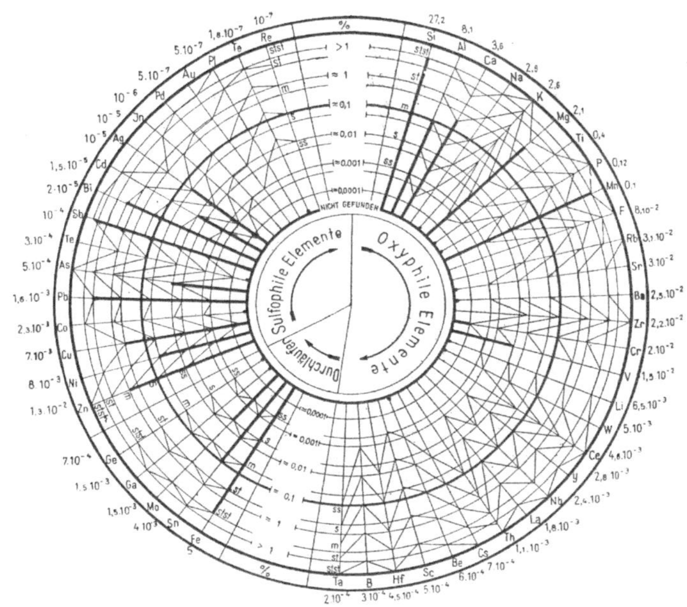

Abb. 5

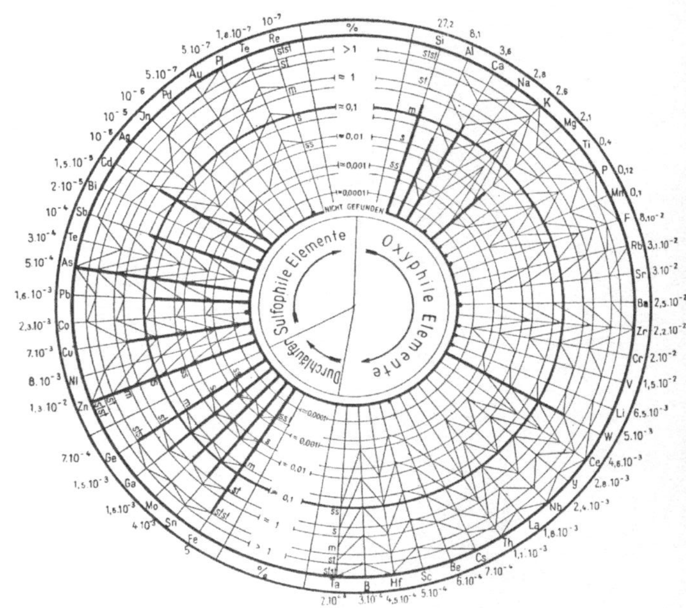

Abb. 6

Petrographen praktisch nichts zu sagen haben. Es wurde daher eine Anordnung der Elemente nach rein geochemischen Gesichtspunkten gewählt. Hierzu sollte als grundlegendes Prinzip die Häufigkeit der Elemente in den Eruptivgesteinen dienen.

Praktisch brauchbar erschien uns die geochemische Klassifikation der Elemente in der Lithosphäre nach NIGGLI (1948), der in der Hauptsache zwischen oxyphilen und sulfophilen Elementen unterscheidet. Die oxyphilen Elemente treten in erster Linie in Verbindung mit Sauerstoff als Oxyde, Silikate, Phosphate, Karbonate, Nitrate, Borate, Sulfate usw. auf. Die Klasse der sulfophilen Elemente kommt vorzugsweise in Mineralien vor, die frei von Sauerstoff sind. Sie treten meist auf als Sulfide, Selenide, Telluride, Arsenide, Antimonide, Legierungen oder in gediegener Form. Diese geochemische Zweiteilung der Elemente ist jedoch nicht eindeutig. Einige Elemente, die sog. Durchläufer, zeigen ein wechselndes Verhalten, indem sie einerseits mit dem Sauerstoff, andererseits mit dem Schwefel mineralisch gebunden sein können.

An der Spitze der kleinen Klasse von typischen „Durchläuferelementen" (Fe, Sn, Mo, Ga, Ge) steht das relativ stark verbreitete Eisen.

Jede der drei Elementklassen in unserem Konzentrationsdiagramm ist in sich nach der Häufigkeit ihrer Elemente in Eruptivgesteinen nach RANKAMA (1949) derart geordnet, daß die Elemente, im Uhrzeigersinn gerechnet, immer seltener werden. Die Zahlenwerte für die Häufigkeit in Gewichtsprozent sind neben dem Elementsymbol eingetragen.

Die Darstellung von Übersichtsanalysen im Konzentrationsdiagramm soll nun an einigen Beispielen spektrochemisch untersuchter Gesteine und Mineralien erläutert werden. Beim Granit von Mühlleithen (Abb. 2) zeigen sich im ersten Quadranten oben rechts die typischen Hauptelemente der Lithosphäre: Si, Al, Ca, Na, K, Mg in starken Konzentrationen mit Strahlenspitzen außerhalb des 1%-Kreises. Von den häufiger vorkommenden Nebenelementen der Lithosphäre sind Titan und Mangan und ebenso das seltenere Beryllium (Stellung im 2. Quadranten) noch mit über 0,1% vorhanden. Das Eisen als weitverbreitetes Durchläuferelement wird mit 1 bis >1% angezeigt. An Spurenelementen innerhalb des 0,1%-Grenzkreises kommen die oxyphilen Elemente Sr, Ba, Zr, Li vor. Nur ein einziges Durchläuferelement, das Zinn, und ein einziges sulfophiles Element, das Kupfer, treten in Spuren auf. Nicht gefunden und daher durch Punkte vermerkt sind die Elemente: P, Cr, V, W, Zn, Ni, Mo, Co, Pb, Ga, Ge, As, Tl, Sb, Bi, Cd, Ag, Te.

Abb. 3 zeigt die Elementkonzentrationen der spektrochemischen Übersichtsanalyse eines Orthits aus dem Trusetal. Unter den lithophilen Hauptelementen fehlt das Kalium, d. h. es können nur weniger als 0,05% davon in der Probe enthalten sein. Ein seltenes Element, das Cer, ist Hauptelement, ebenfalls das Eisen. Mn, Sr, Ti, V und La sind >0,1%, Y in der Größenordnung von 0,1% vorhanden. Ba und Be sind oxyphile, Cu und Pb sulfophile Spurenelemente. Dabei ist zu bemerken, daß der Spurengehalt an Kupfer mit etwa $5 \cdot 10^{-3}$% nur sehr gering ist, denn er liegt in der Größenordnung der durchschnittlichen Häufigkeit von Cu in Eruptivgesteinen mit $7 \cdot 10^{-3}$%.

Als Folge der geochemischen Anordnung der Elemente im Konzentrationsdiagramm fällt der hervorragende Anteil an oxyphilen Elementen geringer Häufigkeit auf. Das Diagramm verrät sofort den Seltenheitscharakter des untersuchten Minerals.

Der Kaolin von Oberrengersdorf ist chemisch recht einfach zusammengesetzt, wie man aus dem Diagramm in Abb. 4 erkennt. Si und Al dominieren als einzige Hauptelemente. Zr ist mit etwa 1% auffallend stark, Fe und Ti dagegen nur um 0,1% vertreten. Die Alkalien fehlen ganz. Als Spuren finden sich Ca, Mn und Cu. Bei der Prüfung auf insgesamt 30 Elemente konnten nur 8 Elemente festgestellt werden.

In Abb. 5 sehen wir das Diagramm eines Jamesonits aus Hartmannsdorf. Das Schwergewicht der Elemente liegt auf der linken Seite im 3. und 4. Quadranten; die sulfophilen Elemente Pb und Sb herrschen vor, dazu Fe, Zn, Cu, Bi liegen um 1%. Als sulfophile Spurenelemente treten Ni, As, Cd, Ag auf. Durchläuferelemente sind (außer Fe) Sn und Mo. Auf der oxyphilen Seite steht Si mit >1%, Al dagegen mit nur etwa 0,1%. Es handelt sich um quarzige Gangart, der ein geringer Anteil Al-Silikat und auch Karbonat (Ca, Mg, Mn) beigemengt ist; dazu kommen geringe Spurengehalte an Cr und V. Dieses Diagramm ist typisch für ein sulfidisches Erz mit Gangartverunreinigung.

Ein ähnliches Diagramm ergibt der Germanit aus Tsumeb (Abb. 6). Der geringe Gehalt an häufigen oxyphilen Elementen wie Si, Al, Ca, Mg, von denen lediglich Si und Ca mit Zehntelprozenten vertreten sind, lehrt aber, daß diese Erzprobe nur sehr wenig Gangart enthält. Bemerkenswert erscheint der Wolframgehalt von etwa 1%.

Diese wenigen Beispiele zeigen, daß mit Hilfe der Übersichtsanalyse, wenn ihre Ergebnisse im Konzentrationsdiagramm aufgetragen werden, schnell und anschaulich der geochemische Charakter des untersuchten Materials übersehen werden kann und gleichzeitig über die mengenmäßige Verteilung der vorkommenden Elemente unterrichtet wird.

Die Ergebnisse der spektrochemischen Übersichtsanalyse sind auch für den analytischen Chemiker von Wert; denn er kann mit ihrer Hilfe rasch feststellen, welche Elemente er bei der Aufstellung eines Analysenganges zu berücksichtigen hat. Für viele Zwecke sind die annähernden Gehaltsangaben ausreichend und machen quantitative Untersuchungen überflüssig.

## Zusammenfassung

Es werden Wesen und Ziel der spektrochemischen Übersichtsanalyse mineralischer Rohstoffe beschrieben.

Ein neu entworfenes Konzentrationsdiagramm zur Darstellung der Ergebnisse ermöglicht:

1. die visuell geschätzten Spektrallinienintensitäten auf einfache Weise in kommensurable Werte der Elementkonzentration umzuwandeln,

2. aus den Untersuchungsergebnissen geochemische Zusammenhänge abzulesen (Chemismus der untersuchten Probe, Vorkommen seltener Elemente, Art und Menge der Spurenelemente, Erkennung lagerstättenkundlich wichtiger Begleitelemente).

## Literatur

LEUCHS, O.: Chemische Vorgänge in Kohleelektroden. — Spectrochim. Acta 4 (1950–52), 237–251.

NIGGLI, P.: Gesteine und Minerallagerstätten I. Allgemeine Lehre von den Gesteinen und Minerallagerstätten. Basel 1948.

RANKAMA, K. u. TH. G. SAHAMA: Geochemistry. — Chicago 1949.

SAIDEL, A. N., W. K. PROKOFJEW u. S. M. RAISKI: Spektraltabellen. — Berlin 1955.

# Ein Bohrgerät zur Gewinnung von Kernen in mürben und weichen Gesteinen[1)]

KAROL WOJNAR, Warschau

Bei Bohrungen und beim Aufsuchen von Lagerstätten werden zwecks Erhöhung des Kerngewinns verschiedenartige Konstruktionen von Kernbohrgeräten im In- und Ausland angewandt. Anfangs waren die Kernbohrgeräte mit einem einfachen Kernrohr ausgestattet, später wurden Doppel- und sogar dreifache Kernrohre verwendet. Durch die Anwendung der Doppelkernrohre wird der teilweise schädliche und auswaschende Einfluß der Bohrspülung auf die Bohrkerne sowie der schädliche Einfluß des rotierenden Kernrohrs unterbunden, so daß dadurch ein Zerbröckeln und Drehen des zerriebenen Kernes vermieden werden kann. Das dreifache Kernrohr erleichtert außerdem noch eine ordnungsmäßige Kernentnahme aus dem Gerät. Dieses dritte Rohr ist aus zwei länglichen Rohrhälften zusammengesetzt, die nach dem Ziehen mit dem Bohrkern zusammen entnommen werden, so daß dieser keiner Zerstörung mehr ausgesetzt ist.

Um ein besseres Abreißen der Kerne zu erreichen, werden verschiedene Konstruktionen von Kernfängern verwendet, die nicht nur den freigeschnittenen Kern abreißen, sondern auch im Kernrohr auffangen sollen. Gegenwärtig werden unterschiedliche Konstruktionen von Kernfängern benutzt und auch verschiedene Kernfangverfahren angewandt. Der freigeschnittene Kern kann mittels folgender Kernfänger an der Bohrlochsohle abgerissen werden:

a) Kernfangring, b) Fänger mit flachen Federn, c) mit scharfen Fangblättern, d) Doppelfänger, der eine Kombination der Typen b und c ist, e) Kugelfänger.

Alle diese Kernfänger besitzen mindestens ein oder zwei wesentliche Fehler, nämlich: 1. Sie drehen sich während des Bohrens gemeinsam mit der Bohrkrone, so daß die Fangblätter und Federn den freigeschnittenen Kern, der in das Innere des Kernrohres eintritt, zerreiben und zerstören; 2. die Federn, Fangblätter oder Ringe bzw. Kugeln der Kernfänger schließen den Durchgang im unteren Teil des Kernrohres nicht ganz ab, so daß die zerriebenen Stücke des freigeschnittenen Kernes beim Herausziehen des Kernrohres herausfallen.

Wenn auch in dieser Richtung gewisse Erfolge zu verzeichnen sind, so ist der Kerngewinn besonders bei schwierigen geologischen Verhältnissen (Gesteine von geringer Festigkeit) immer noch unzureichend. Gegenwärtig geschieht es in der Praxis sehr häufig, daß bei Erkundungsbohrungen Lagerstätten von sogar einigen Metern Mächtigkeit unerkannt durchteuft werden. Das ist vor allem durch die unzureichende Konstruktion der Kernbohrgeräte bedingt, z. T. durch das Kernungsverfahren und mitunter durch schwierige geologische Verhältnisse (z. B. schwachbindige Kokskohle).

Bei der nachstehend beschriebenen Konstruktion wird der schädliche Einfluß des Kernfängers auf den Kern während des Bohrvorganges beseitigt, weil sich der Kernfänger außerhalb des Kernrohres befindet. Nach dem Abbohren des Kernes wird dieser Kernfänger freigegeben. Seine Konstruktion gibt die Garantie für ein sicheres und zuverlässiges Abreißen und Fangen des Kerns im Kernrohr.

Diese Kernrohrkonstruktion verhindert die direkte Berührung der Bohrspülung und schützt den Kern vor der schädlichen Einwirkung der Spülung. Das Kernrohr ist mit 3 Rollenlagern versehen, so daß das Innenrohr während des Bohrens feststeht und kein Zerreiben des Kernes durch das Rotieren des äußeren Rohres eintreten kann.

Die Einzelteile des vom Verf. entwickelten und hier abgebildeten Gerätes sind: die zweistufige, dünnwandige Krone *1* mit Kanälen *2*, durch die die Spülung ausfließt; der Ring des Kernfängers *3* (am oberen Teil der Krone *4* angebracht). Der Kernfänger besitzt Fangblätter *5*, die durch Federn zur Mitte abgestoßen werden. Während des Kernens befinden sich die Fangblätter außerhalb des Innenkernrohres *6*. Dadurch wird der Kern nicht zerstört; der Fänger selbst unterliegt keinem Verschleiß und arbeitet zuverlässig. Nach Abreißen des Kernes wird der Durchgang des Kernrohres durch die Fangblätter des Fängers gänzlich verschlossen. Oben ist das Kernrohr vom Deckel *8* (Kork) bedeckt. Im Deckel befindet sich ein durch den Kugelverschluß *7* verschließbarer Kanal für den Abfluß von Schlamm und Luft, die durch den allmählich das Kernrohr ausfüllenden Bohrkern herausgedrückt werden. Der Schlamm und die Luft werden durch den im Gestänge *9* befindlichen Kanal, die Öffnungen *18* und *20*, die Muffe *12* und die Hülse *14* geleitet. Während des Kernes dekken sich die Öffnungen miteinander (nicht so, wie auf der Abbildung dargestellt). Das Gestänge *9* ist zusammen mit dem Kernrohr in drei Kugellagern *10* aufgehängt. Dadurch wird ein Rotieren des den Kern enthaltenden Kernrohres während des Bohrvorganges unmöglich gemacht. Das äußere Rohr *11* ist unten mit der Krone *4a* und oben mit der Hülse *14* verschraubt. Diese Hülse besitzt zwei gegenüberliegende „Ausläufer" ähnlich wie bei der Muffe *12*. Die sich gegeneinander stützenden Ausläufer haben den Zweck, die Umdrehungen der Spülrohre (des Bohrgestänges) während des Kernens über

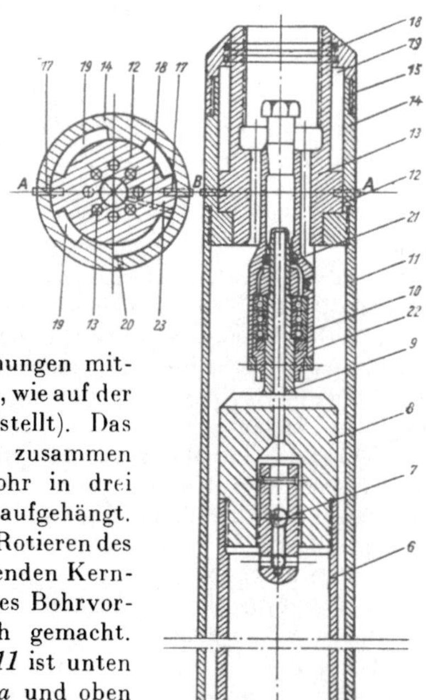

Ein Kernbohrgerät für mürbe und weiche Gesteine nach dem Entwurf K. WOJNARs. Pat.-Nr. 47296

[1)] Aus „PRZEGLAD GEOLOGICZNY", 6 (63) Warszawa 1958, übersetzt von V. HOFFMANN.

das äußere Rohr nebst dem Verbinder *12* sowie der Hülsen *14* auf die Krone zu übertragen. Die Ausläufer berühren sich dann gegenseitig, und die Stifte *17* werden vorher noch beim Einführen des Kernbohrgerätes auf die Bohrlochsohle und durch die Umdrehungen des Bohrgestänges abgeschnitten. Während des Einhängens des Bohrgestänges und des Kernbohrgerätes in das Bohrloch wird das innere Rohr *6* durch die Stifte geschützt und ein Verschieben des Rohres nach oben verhindert. Dadurch ist auch der Kernfänger vor dem Kernen nicht freigegeben. Die eingepreßte Spülung dringt aus den Spülrohren durch acht Öffnungen *13* im Verbinder *12* in den Zwischenraum der Rohre *6* und *11* ein, fließt dann durch die Kanäle *2* unterhalb des oberen Kronenteils heraus. Die Schraube *15* in der Öffnung des Verbinders *12* schützt die Lager vor einem Eindringen des Spülstromes. Ebenso machen die Abdichtungsringe *16* das Eindringen der Spülung in den zwischen der Hülse und dem Verbinder befindlichen Raum *19* unmöglich. Auf der Höhe dieses Raumes wird das innere Rohr im Verhältnis zum äußeren mit der Krone erst dann gehoben, wenn der Kernfänger freigegeben und der Kern nach dem Abbohren abgerissen wird.

Für dieses Kernbohrgerät ist charakteristisch, daß der sich außerhalb des inneren, den Kern enthaltenden Rohres befindende Kernfänger *3* während des Bohrens den freigeschnittenen Kern nicht berührt, nicht zerbröckelt und zerstört. Der Kernfänger tritt erst dann in Tätigkeit, wenn das Kernrohr sich gegenüber dem äußeren Rohr *11* und der Krone *4* nach oben verschiebt. Das in Lager eingehängte innere Kernrohr ist dadurch unbeweglich geworden und seine ordnungsmäßige Führung während des Kernens gesichert.

Die Konstruktion dieses Kernbohrgerätes weist folgende Vorzüge auf:

1. Das Abreißen des Kernes geht sicher und zuverlässig vonstatten;
2. ein gänzliches Verschleißen des Durchgangs im unteren Teil des Kernrohres durch (kürzere oder längere) Fangblätter des Kernfängers sichert während des Herausziehens des Kernbohrgerätes nach oben sogar das Festhalten der kleinsten Kernbröckchen im Kernrohr;
3. durch das Stillstehen des inneren Kernrohres wird das Zerbröckeln und Zerreiben des Kernes durch Rotieren der Krone und des äußeren Rohres verhindert;
4. da der Kern durch den unteren Teil der Krone gewonnen wird, wird eine schädliche Einwirkung der Spülung auf den Kern vermieden;
5. die einfache Konstruktion des Kernbohrgerätes erleichtert das Kernen und die Bedienung sowie die Kernentnahme aus dem Kernrohr;
6. die Unterbringung des Kernfängers außerhalb des Kernrohrs schützt den Kern vor Zerstörung.

Die oben angeführten Vorzüge des Kernbohrgerätes sichern eine Bohrkernaufnahme sogar in mürben und Lockergesteinen.

## Literatur

WOJNAR, K.: Die Kernentnahme beim Kern- Drehbohren. – NAFTA V 1953.
– Das Kernen beim Rotary-Bohren. – NAFTA I, 1954.
– Das Kernen beim Schlagbohren. – NAFTA V, 1952.
– Bohren und Bedienung bei geologischen Erkundungsbohrungen. – Geologische Verlagsanstalten, Warszawa 1957.
– Erkundungsbohrungen. – Kraków 1957.

# Arbeitstagung über Fragen der Vorratsklassifikation

GÜNTER PRATZKA, Berlin

Von der Zentralen Vorratskommission für mineralische Rohstoffe und der Staatlichen Geologischen Kommission wurde am 23. und 24. Juni 1958 in Berlin eine Fachtagung durchgeführt, an der 24 Fachleute aus Erkundung, Forschung und Industrie teilnahmen.

Der Leiter der Staatlichen Geologischen Kommission und Mitglied der Zentralen Vorratskommission, Dipl.-Berging.-Geologe STAMMBERGER, begrüßte die Teilnehmer und erläuterte die Wichtigkeit dieser Tagung.

Die Tagesordnung enthielt folgende Punkte:

1. Bericht über den Stand der Arbeiten an einem Entwurf für eine einheitliche Vorratsklassifikation fester nutzbarer Bodenschätze für das sozialistische Lager;

2. Bericht über die Bestrebungen des Lagerstättenausschusses der Gesellschaft Deutscher Metallhütten- und Bergleute (GDMB), eine einheitliche Vorratsklassifikation für die Deutsche Bundesrepublik, die Österreichische Bundesrepublik und die Deutsche Demokratische Republik zu schaffen;

3. Vortrag von Dipl.-Berging.-Geol. STAMMBERGER: „Zu einigen Grundfragen der Klassifikation von Mineralvorräten";

4. Diskussion und Beschlußfassung.

**Bericht über den Stand der Arbeiten an einem Entwurf für eine einheitliche Vorratsklassifikation fester nutzbarer Bodenschätze für das sozialistische Lager**

Professor Dr. KAUTZSCH berichtete über den Stand der Arbeiten an einem Entwurf für eine einheitliche Vorratsklassifikation fester nutzbarer Bodenschätze für das sozialistische Lager:

Im Juli 1957 und Februar 1958 fanden in Moskau Beratungen der Sektion „Lagerstätten" der Ständigen Kommission für Geologie beim Rat für gegenseitige Wirtschaftshilfe (RgW) statt, auf denen u. a. auch die Frage der Schaffung einer einheitlichen Vorratsklassifikation fester nutzbarer Bodenschätze für die Teilnehmerländer des RgW behandelt wurde. Im Juli 1957 wurden die Berichte über den derzeitigen Zustand der Vorratsklassifikationen in den einzelnen Ländern von den Vertretern im RgW vorgetragen und diskutiert. Dabei waren vier Schwerpunktfragen zu klären:

1. Ist es zweckmäßig, die z. Z. in einzelnen Ländern des RgW bestehende Aufteilung der Kategorie A in $A_1$ und $A_2$ generell einzuführen oder zu einer Kategorie A zusammenzufassen?
2. Die Einführung einer neuen Kategorie D für prognostische Vorräte.
3. Die zahlenmäßige Festlegung des Sicherheitsgrades der einzelnen Kategorien und die Einführung von Toleranzen.
4. Die organische Zusammensetzung der erkundeten und zur industriellen Nutzung übergebenen Vorräte.

Auf der Tagung der Sektion Lagerstätten des RgW im Februar 1958 wurde der Stand der Arbeit zur Schaffung einer einheitlichen Vorratsklassifikation für die Teilnehmerländer dargelegt. In dem vorgelegten Informationsbericht wurde folgendes festgestellt:

1. Zwischen den Klassifikationen der Länder bestehen Unterschiede, die erklärt wurden.
2. Die von den Ländern eingesandten Vorschläge wurden zusammengefaßt.
3. Das auf Grund von 222 Schreiben an sowjetische Erkundungsorganisationen und 98 Schreiben an die besten Geologen der SU eingegangene Material wurde zu grundsätzlichen Feststellungen ausgewertet.
4. Die in den Klassifikationen der RgW-Länder enthaltenen Grundsätze wurden in die einheitliche Klassifikation übernommen, soweit sie der Vereinheitlichung entsprachen.

Die Frage der Toleranzen wurde auch in der Sitzung im Februar 1958 noch einmal diskutiert. Die von den Teilnehmerländern vorgelegten Versuche, eine Beziehung zwischen Prognose und dem Abbauerfolg festzustellen, wurden hierbei berücksichtigt.

Von den Teilnehmerländern sind einige, wie z. B. Ungarn, für die Einführung von Toleranzen, andere, wie z. B. die ČSR, nehmen eine abwartende Haltung ein.

Professor Dr.-Ing. OELSNER ergänzte die Ausführungen von Professor Dr. KAUTZSCH und berichtete von der RgW-Arbeit:

Im Juli 1957 äußerte Professor KREJTER in Gegenwart zahlreicher sowjetischer Experten zur zahlenmäßigen Festlegung von Toleranzen oder Grenzen der Wahrscheinlichkeit, daß es, wie sehr viele mathematische Untersuchungen gezeigt haben, keine Wahrscheinlichkeit einer exakten Festlegung dieser Zahlen gibt, weil die Verteilungszahl nicht der GAUSSschen Kurve entspricht, sondern jede Lagerstätte eine andere Kurve hat. Prof. OELSNER schließt sich dieser Ansicht an und sagt, daß es aber eine geologische Wahrscheinlichkeit für einen Typ von Lagerstätten gibt, die dann an die Stelle der mathematischen Wahrscheinlichkeit zu treten hätte.

**Bericht über die Bestrebungen des Lagerstättenausschusses der Gesellschaft Deutscher Metallhütten- und Bergleute (GDMB), eine einheitliche Vorratsklassifikation für die Deutsche Bundesrepublik, die Österreichische Bundesrepublik und die Deutsche Demokratische Republik zu schaffen**

Nach den Ausführungen über die Arbeit im RgW folgte der Bericht des Dipl.-Mineralogen H. ULBRICH über die Bestrebungen des Lagerstättenausschusses der Gesellschaft Deutscher Metallhütten- und Bergleute, eine einheitliche Vorratsklassifikation für die Deutsche Bundesrepublik, die Österreichische Bundesrepublik und die Deutsche Demokratische Republik zu schaffen In dem Bericht heißt es u. a.:

Während die sozialistischen Länder verbindliche Klassifikationen geschaffen haben und im Rahmen des RgW an einer einheitlichen Klassifikation arbeiten, sind in den kapitalistischen Ländern zahlreiche Klassifikationsvorschläge gemacht worden, die sehr unterschiedlich und unverbindlich sind.

Im November 1957 wurde in Clausthal (DBR) von den Fachleuten der DDR betont, daß sie die Prinzipien der Vorratsklassifikation der DDR nicht aufgeben können, weil dafür keine sachlichen Gründe vorliegen. Es wurden Bemühungen unternommen, die westdeutschen und österreichischen Kollegen von der Richtigkeit unserer Auffassungen zu überzeugen, um einen einheitlichen Standpunkt auf dem nach unserer Meinung z. Z. fortgeschrittensten Niveau zu erreichen.

Die Tagung in Clausthal führte zur Bildung eines Arbeitskreises, dem Dr. HESEMANN, Dr. JAHNS (DBR), Dr. REH (DDR) und Professor PETRASCHECK (ÖBR) angehören. Der Arbeitskreis brachte einen Klassifikationsentwurf heraus, der durch einen weiteren Vorschlag von Dr. JAHNS am 14. 5. 1958 in Essen abgelöst wurde.

Dieser Vorschlag sieht folgende Lösung vor:

1. Die vorgeschlagene Klassifikation geht von dem Begriff der „Lagerstätte" aus.
2. Die Einteilung und Bewertung der Vorräte wird in Stufen vorgenommen:

*Stufe 1.* In einer Voreinteilung werden für große Lagerstättengebiete nach einheitlichen Grenzrichtwerten zwei Hauptkategorien gebildet:
a) bergbauliche Vorräte,
b) problematische Vorräte.

*Stufe 2.* Hier werden nach dem Vorhandensein bei beiden Hauptkategorien 5 Vorratskategorien unterschieden:
sicher,
wahrscheinlich,
angedeutet,
vermutet,
vielleicht vorhanden.

*Stufe 3.* Die sicheren und wahrscheinlichen Vorräte werden einer technischen Beurteilung nach Gewinnbarkeit und Verwertbarkeit unterzogen.

*Stufe 4.* Die sicheren und wahrscheinlichen Vorräte werden nach ökonomischen Faktoren beurteilt (s. Abb.).

Die Klassifikation soll durch Instruktionen ergänzt werden. Subjektiv beeinflußte Beurteilungen sollen durch mathematische Forderungen vermieden werden. Es wurde vorgeschlagen, für die Fehlergrenzen und Wahrscheinlichkeitsprozentsätze sowie im einzelnen noch festzusetzende Prozentsätze für die Aussagesicherheit, die den Instruktionen zugrunde zu legen sind, folgende Werte einzusetzen:

sicher:
ob. Fehlergrenze ± 10% Aussagesicherheit 90%
wahrscheinlich:
ob. Fehlergrenze ± 20% Aussagesicherheit 70—90%
mögl. angedeutet:
ob. Fehlergrenze ± 30% Aussagesicherheit 50—70%
mögl. vermutet:
ob. Fehlergrenze ± 30% Aussagesicherheit 30—50%
vielleicht vorhanden — Aussagesicherheit 30%

Dieser Entwurf wurde bisher nur im engsten Kreise von Vertretern der GDMB diskutiert, und sollte anläßlich der Blei-Zink-Tagung der Geologischen Gesellschaft in Essen vor einem großen Kreis von Lagerstättenfachleuten beraten werden.

Der Klassifikationsentwurf stellt im ganzen gesehen in seinen Grundsätzen einen Rückschritt — nicht nur gegenüber der in der DDR bestehenden Vorratsklassifikation, sondern auch gegenüber den von BLONDEL, LASKY u. a. gegebenen Ansichten — dar.

*Diskussion*

Professor OELSNER ergänzte die Ausführungen zur Tagung in Essen und sagte, daß der Klassifikationsentwurf offiziell nicht beraten wurde. Er habe in Essen darauf hingewiesen, daß in der DDR die Vorratsklassifikation gesetzlich festgelegt sei. Die in Essen gemachten Vorschläge müßten der ZVK vorgelegt werden.

Dr. REH erklärte zur Tagung in Clausthal, daß sein Schema, die Beurteilung in zwei Stufen, d. h. erst nach dem Vorhandensein, und dann nach der bergwirtschaftlichen Verwertbarkeit, keinen Anklang gefunden habe. Die von Dr. JAHNS vorgeschlagene doppelte Einteilung in bergbauliche und problematische Vorräte sei wieder aufgegriffen worden. Dr. REH führte dazu u. a. aus, daß eine Lagerstätte dem Werdegang der Erkundung entsprechend bewertet werden müsse.

Bei der Erkundung einer Lagerstätte werden in der ersten Stufe Umfang, mineralogische Zusammensetzung, minimale Mächtigkeit, Mindest- und Maximalgehalte u. a. m.

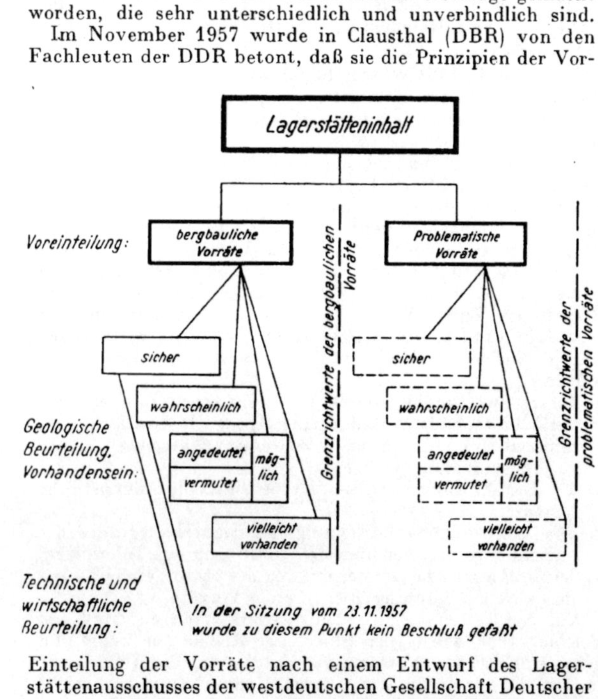


Einteilung der Vorräte nach einem Entwurf des Lagerstättenausschusses der westdeutschen Gesellschaft Deutscher Metallhütten- und Bergleute (GDMB) 1958

festgestellt. Zur Festlegung der Grenzwerte wird der Geologe Analogieschlüsse von ähnlichen Lagerstätten ziehen.

In der zweiten Stufe der Erkundung werden bergwirtschaftliche und aufbereitungstechnische Fragen einen größeren Überblick über die Lagerstättenverhältnisse erlauben. Aus diesen Gründen ist damals (1. Vorschlag von REH) die Einteilung in zwei Stufen gewählt worden. Wenn am Ende eine Zusammenfassung der geologischen und bergwirtschaftlichen Gesichtspunkte möglich ist, so ist das nur natürlich, und es wäre darüber zu diskutieren, ob man dem Gedankengang des Erkundungsgeologen in der Klassifikation Ausdruck verleihen kann.

Professor JANISCHEWSKI erklärte zu Beginn seines Diskussionsbeitrages, daß er hier nur seine persönlichen Gedanken vortrage und sich selbst mit den theoretischen Fragen der Vorratsberechnung nicht näher beschäftigt habe.

Er führte u. a. aus:

Die Klassifizierung von Vorräten dient der geologischen Erkundung sowie der Planung und Entwicklung der Industrie. In der Sowjetunion und den Volksdemokratien wird für fünf Jahre geplant (Fünfjahrpläne). Die Entwicklung in der SU zeigt aber, daß man auf 10, 15 und mehr Jahre hinaus planen muß. Der geologische Dienst hat die Aufgabe, unter diesem Gesichtspunkt seine Untersuchungen durchzuführen, um eine Planung für viele Jahre zu ermöglichen.

Bei der Unterteilung der Kategorien A und B handelt es sich um industrielle Kategorien. In zahlreichen Fällen ist eine Unterteilung von A in $A_1$ und $A_2$, B in $B_1$ und $B_2$ nicht notwendig. Durch die Anwendung von Massensystemen im Abbau und die rasche Verbreitung dieser Gewinnungsmethoden bedarf man immer seltener einer Unterteilung der Kategorien.

Auf Grund persönlicher Erfahrungen und der Ergebnisse der praktischen Erkundung in der SU zeigt sich, daß z. B. bei Glimmer-, Erdöl, Erdgas- u. a. Lagerstätten eine Unterteilung der A-Vorräte in $A_1$ und $A_2$ nicht notwendig ist.

In jedem Fall sind bei der Erkundung die Forderungen der Industrie (technologische Verarbeitbarkeit usw.) zu berücksichtigen. Die mit der Industrie festzulegenden Konditionen müssen bekannt sein.

Vor einer überflüssigen Differenzierung muß gewarnt werden, da sie Verwirrung stiftet. Die Vorausberechnung muß für die Industrie verständlich sein.

Die Kategorie $C_1$ ist für die Industrie oft die wichtigste. Mit der Einstufung der Vorräte in $C_1$ werden viele Erkundungen abgeschlossen, z. B. bei einem Teil der Uranlagerstätten. Ist die Mineralführung aushaltend, kommt auch die Übergabe von B-Vorräten in Frage. Lagerstätten mit einer aushaltenden Uranerzführung haben wir im sächsischen Erzgebirge nicht, daher werden hier auch keine B-Vorräte übergeben. Das Ergebnis der Erkundung sind bei vierseitiger Blockumfahrung $C_1$-Vorräte.

Die Uranlagerstätten in Sachsen haben niedrige Koeffizienten der Erzführung. Deshalb müssen zu den Vorratsberechnungen alle nur möglichen geologischen Untersuchungsergebnisse gesammelt werden.

Während in den ersten Jahren auf Grund der Unkenntnis vieler Gesetzmäßigkeiten in der Mineralführung die Abweichungen bei den Berechnungen der Uranvorräte sehr groß waren, haben wir heute durch umfangreiche Forschungsarbeiten eine hohe Zuverlässigkeit in unseren Angaben.

Die zwischen Berechnung und Abbau auftretenden Mengendifferenzen sind positiv und werden z. Z. durch Koeffizienten ausgeglichen. Diese Koeffizienten stören bei der Bewertung nicht. Die Genauigkeit der Berechnung wird durch gute geologische Kenntnisse untermauert.

Das Studium der Lagerstätten zeigte, daß die Verteilung der Gehalte von verschiedenen Faktoren abhängig ist. Die Faktoren sind geologischer, mineralogischer und struktureller Natur. Durch systematische Untersuchungen dieser Art konnte eine bessere Qualität der Vorräte in den letzten zwei Jahren nachgewiesen werden. Heute werden die schlechten Partien praktisch schon nicht mehr erkundet und aus der Vorratsberechnung ausgeschlossen.

Die etwas merkwürdigen und sehr spezifischen Eigenarten der Uranlagerstätten kann man wahrscheinlich bei der Aufstellung einer einheitlichen Klassifikation nicht entscheidend berücksichtigen.

Die Vorräte der Kategorie $C_2$ sind sehr wichtig, und man wird viel mit ihnen arbeiten müssen. Bei der Kategorie $C_2$ wird zwischen „wahrscheinlichen“ und „angenommenen“ Vorräten unterschieden. Einige Fachleute betrachten die Kategorie $C_2$ sehr breit, andere begrenzen sie durch bestimmte Begriffe. Das spricht dafür, daß wir die Kategorie $C_2$ besser begrenzen und durch die Kategorie D ergänzen müssen.

Planung und Wirtschaft eines sozialistischen Staates benötigen die Vorräte der Kategorie $C_2$ sowie ihre Erweiterung durch die Kategorie D. $C_1$-, $C_2$- und D-Vorräte sind nicht nur für die Planung nützlich, sondern auch maßgeblich für das Entwicklungstempo der ganzen Industrie eines Landes.

Die Bezeichnung der Kategorien bzw. Klassen mit Worten wie „sicher“, „wahrscheinlich“ usw. ist nicht richtig, da jeder darunter etwas anderes verstehen kann.

Die Toleranzen bei den Berechnungen sollten durch allgemeine Bestimmungen festgelegt werden, damit Planung und Produktion weiß, mit welchen Vorräten sie rechnen können.

Bei Lagerstätten, die bis zu einer Tiefe von 150 m erkundet wurden, muß man sagen können, was in 1000 m Tiefe zu erwarten ist. Zeigen die Untersuchungsergebnisse, daß eine Lagerstätte evtl. bis 500 m in die Teufe geht, muß es wissenschaftlich begründet werden, ob eine größere Übertageanlage, die den Abbau auf flacheren und tieferen Sohlen gleichzeitig erlaubt, gerechtfertigt ist. Gegenüber einer kleineren Anlage, mit der man von Sohle zu Sohle abbaut und damit die Lebensdauer der Anlage um 10—15 Jahre verlängert, stellt eine größere Übertageanlage, die den Abbau auf mehreren Sohlen gleichzeitig gestattet, ein gewisses Risiko dar. Bei der SDAG Wismut ist man wiederholt auf dieses Risiko eingegangen und hat dabei gute Erfahrungen gemacht.

Zur Bewertung von Vorratsberechnungen sagte Prof. JANISCHEWSKI abschließend: Eine Vorratsberechnung ist eine wissenschaftliche Arbeit der höchsten Kategorie.

**Vortrag von Dipl.-Berging.-Geol. STAMMBERGER: „Zu einigen Grundfragen der Klassifikation von Mineralvorräten“ [1])**

Einleitend wurde festgestellt, daß zwischen den von BLONDEL und LASKY vorgeschlagenen Vorratsgruppen sowie ihren Bezeichnungen und der DDR-Klassifikation Übereinstimmung zu erreichen ist.

Welche Vorratsklassen gibt es und auf welche kann verzichtet werden? Ist es zweckmäßig, die „geschätzten $C_2$-Vorräte“ in eine besondere Vorratsgruppe „prognostische Vorräte“ zu verwandeln und sie als Klasse D zu führen?

Es wurde vorgeschlagen, in Anlehnung an den Vorschlag von BLONDEL und LASKY, die Summe der berechneten und geschätzten Vorräte als „Ressourcen“ zu bezeichnen:

Ressourcen = berechnete u. geschätzte Vorräte
= Bilanz- u. Außerbilanz- u. prognostische Vorräte.

Die „Reserven“ entsprechen der DDR-Vorratsgruppe der Bilanzvorräte.

Zur Schaffung von zwei getrennten Klassifikationen, eine für die Erkundung und eine für die Gewinnung, führte STAMMBERGER aus, daß man das Nebeneinanderbestehen zweier gleichzeitig gültiger Klassifikationen vermeiden sollte, da sie nur Verwirrung stiften können. Es ist besser, durch *eine* Klassifikation alle Vorräte zu erfassen.

Die Anwendung von Bezeichnungen aus der Umgangssprache für die verschiedenen Vorratsgruppen bzw. -klassen führt dazu, daß jeder darunter etwas anderes versteht. Klassenbezeichnungen müssen so gewählt werden, daß sie von allen im gleichen Sinne verstanden werden. Dabei sind Indexe als Klassenbezeichnungen den Adjektiven vorzuziehen. Kriterium der Klasseneinteilung muß das gesamte Wissen (Kenntnisse) über die Vorräte sein.

Vergleichen wir unsere Klassen und ihre Beurteilungen mit anderen Klassifikationen, so kann festgestellt werden, daß Vorräte unserer Klasse $A_1$ fast keine Abweichungen (0—5%) zwischen Berechnung und Gewinnung aufweisen und daß diese Klasse in den westlichen Vorratsklassifikationen fehlt. Die sicheren, die measured und proved Vorräte der USA-Klassifikation und der Standard-Definition entsprechen unseren Klassen $A_2$, B bzw. $C_1$. Unsere $C_1$-Vorräte sind mit den A-Vorräten des westdeutschen Entwurfes zu parallelisieren. Man hat bisher verglichen, was nicht zu vergleichen war. Die gemachten Einwände sind darauf zurückzuführen, daß man die Erhöhung der Ansprüche an B, $C_1$ und $C_2$ nicht verfolgt bzw. übersehen hat.

[1]) Das oben angeführte Vortragsthema ist Gegenstand eines umfangreichen Aufsatzes, der in dem Freiberger Forschungsheft C 54 erschienen ist. Der Bericht beschränkt sich auf stark gekürzte Ausführungen.

Auf der Grundlage unserer $C_1$-Vorräte können wir Betriebe errichten. Unsere vorgeschlagene Klasse D entspricht im Westen den möglichen (C) Vorräten. Die wahrscheinlichen oder B-Vorräte lassen sich mit unseren $C_2$-Vorräten parallelisieren. Auf der Grundlage dieser Parallelisierungen ergibt sich eine weitgehende Übereinstimmung aller eingeführten Klassifikationen, und es ist bereits heute — trotz noch bestehender Meinungsverschiedenheiten — die Summierung von Vorräten möglich, die nach verschiedenen Vorratsklassifikationen berechnet wurden.

Auf die unterschiedlichen Beziehungen der Klassifikationen eingehend, stellte STAMMBERGER fest, daß die Klassifikation von den Vorräten und nicht von der Lagerstätte ausgehen muß. Die Lagerstätte ist durch das Vorhandensein der Vorräte gegeben und nicht umgekehrt. Ferner ist der Begriff „Lagerstätte" vieldeutig und wird sehr unterschiedlich interpretiert.

Der komplexen Betrachtungsweise des Vorrats, so wie er in der DDR-Klassifikation festgelegt ist, stimmt die Mehrheit der westdeutschen Geologen nicht zu. Sie bleiben damit hinter den englischen und amerikanischen Vorschlägen zurück (S. G. LASKY u. a.).

In westdeutschen Vorschlägen wurde versucht, den Begriff der Bauwürdigkeit in die technische und ökonomische Bewertung zu trennen und die Bewertungen stufenweise durchzuführen. STAMMBERGER setzte sich mit der klassischen Arbeit HOOVERs sowie den westdeutschen Arbeiten (JAHNS u. a.) und Klassifikationsvorschlägen kritisch auseinander.

Zwischen den Vorschlägen von JAHNS und der Regelung in der DDR besteht völlige Übereinstimmung darüber, daß:

a) die Erkundung auf der Grundlage gegebener Grenzwerte (Konditionen) durchgeführt wird;
b) nach Abschluß der Erkundung auf Grund technisch-ökonomischer Berechnungen die tatsächlichen Abbaugrenzen festgelegt werden.

Leider ist sowohl das Ergebnis der Clausthaler Aussprache als auch der Essener Klassifikationsentwurf des Lagerstättenausschusses der GDMB — verglichen mit den JAHNSschen Vorschlägen — ein Schritt zurück.

Es müssen folgende Schlußfolgerungen gezogen werden:

1. Wenn die Lagerstätte als Ausgangspunkt der Vorratsklassifikation genommen wird, bringt selbst die Festlegung, daß eine Lagerstätte heute oder in Zukunft wirtschaftlich nutzbare Vorräte besitzen muß, kein befriedigendes Ergebnis, bevor nicht „Erz" und „Vorrat" als komplexe Begriffe anerkannt werden.

2. Der Begriff der Bauwürdigkeit ist mit dem Begriff des Vorrates eng verbunden. Dies findet bei uns durch die Begriffe Bilanz- und Außerbilanzvorräte seinen Ausdruck, in den USA durch die Adjektiva commercial, marginal und submarginal.

3. Eine schrittweise Einteilung der Vorräte ist bei Anerkennung des komplexen Charakters des Vorrates abzulehnen.

Ferner erfolgten Ausführungen zu Fragen der Sicherheit oder Zuverlässigkeit bei Vorratsberechnungen bzw. -schätzungen.

Die DDR-Klassifikation hat im Gegensatz zu den im Westen üblichen Klassifikationen keine „zulässigen Fehlergrenzen" und Toleranzen. Durch mehrere Beispiele wurde erläutert und nachgewiesen, daß die sogenannte Grundgesamtheit, d. h. die Anzahl der überhaupt vorhandenen Einzelwerte, in die zur Berechnung des Mittelwertes notwendige Formel nicht eingeht und damit den Mittelwert nicht beeinflußt.

Die von JAHNS vorgeschlagene Aussagesicherheit wurde kritisch analysiert und festgestellt, daß sie in den Definitionen der DDR-Klassen bereits enthalten ist. Die vorgeschlagene Prozentumrechnung ist überflüssig und nicht zu empfehlen. Die vorgesehene Anwendung der Aussagesicherheit zur Charakteristik des Vorhandenseins von Vorräten ist mathematisch nicht fundiert.

Die Berücksichtigung der Wahrscheinlichkeit bei Vorratsangaben ist zu empfehlen. STAMMBERGER schlug abschließend vor, die dazu notwendigen Forschungsarbeiten — unter Leitung der ZVK — durchzuführen.

Für die sich anschließende Diskussion stellte Prof. KAUTZSCH 8 Schwerpunktfragen heraus:

1. Unterteilung der Kategorie A in $A_1$ und $A_2$?
2. Unterteilung der Kategorie B in $B_1$ und $B_2$?
3. Soll die Kategorie $C_2$ erweitert werden?
4. Bildung einer neuen Kategorie D, prognostische Vorräte?
5. Sollen die bedingten Außerbilanzvorräte als besondere Vorratsgruppe ausgeschieden werden?
6. Brauchen wir zwei verschiedene Klassifikationen (für Erkundung und Gewinnung)?
7. Vereinheitlichung der in Ost und West bestehenden Klassifikationen auf *eine* Klassifikation für die ganze Welt?
8. Brauchen wir Toleranzen bei den Vorratsberechnungen?

*Diskussion*

Prof. KAUTZSCH stellte einleitend fest, daß bei enger Zusammenarbeit zwischen Geologie und Technik eine Klassifikation genügt. Die Teilung in zwei Klassifikationen ist auch im RgW in Moskau diskutiert worden, fand aber keine Berücksichtigung.

Unsere Ansichten in der Entscheidung über $A_1$- und $A_2$-Vorräte bedürfen wahrscheinlich einer Revision.

Zur Unterteilung der Klasse B sagte Prof. KAUTZSCH, man sollte nicht so stark differenzieren.

Die Erweiterung der Klasse $C_2$ scheint durch die Schaffung der neuen Klasse D nicht mehr nötig zu sein.

Für die bedingten Außerbilanzvorräte sollte man keine neue Vorratsgruppe schaffen. Sie kompliziere die Klassifizierung der Vorräte unnötig.

Zur Schaffung einer einheitlichen Klassifikation für Ost und West muß der Vorschlag von Herrn STAMMBERGER befürwortet werden, der besagt, daß die besten und fortschrittlichsten Erkenntnisse bei einer einheitlichen Klassifikation durchgesetzt und anerkannt werden müssen.

In der Frage der Toleranzen stehen sich zwei Meinungen gegenüber. Prof. OELSNER ist für die Anwendung von Toleranzen und hat dazu einen konstruktiven Vorschlag gemacht, dem eine langjährige Erfahrung zugrunde liegt. Von Herrn STAMMBERGER wird widersprochen und der Einwand gemacht, keine subjektiven Zahlen anzuwenden.

Seit mehr als einem $^3/_4$ Jahr werden Bemühungen unternommen, Zahlenmaterial für Toleranzwerte zu gewinnen. Da das Problem nicht rein mathematisch gelöst werden kann, muß es von der geologischen Seite angefaßt werden. Grundsätzlich soll man die Empfehlung des RgW berücksichtigen und von einer endgültigen Entscheidung noch Abstand nehmen. Zur Zeit sollte man auf dem von Prof. OELSNER vorgeschlagenen Weg weitergehen und eine kleine Arbeitsgruppe bilden, die Zahlenmaterial verschiedener Art zusammenträgt und analysiert.

Dipl.-Geologe LUNGWITZ sprach zur Abgrenzung der Bilanzvorräte und unterzog die dabei angewandten Methoden einer kritischen Analyse. Für die Gruppierung der Vorräte wurden von LUNGWITZ 3 Hauptmerkmale zugrunde gelegt:

1. Wie groß sind die Gesamtvorräte des betreffenden Rohstoffes?
2. Wie groß ist der Bedarf an diesen Rohstoffen?
3. Wie groß ist die Summe des Aufwandes an gesellschaftlicher Arbeitszeit, falls der gesamte Bedarf aus eigenen Vorräten gedeckt werden muß?

An Hand von Beispielen aus dem Kupferschieferbergbau wurde gezeigt, welche Widersprüche sich durch festgelegte Minimalgehalte ergeben können. Die umfangreichen Untersuchungen waren aufschlußreich und werden Gegenstand einer besonderen Veröffentlichung und Stellungnahme durch die ZVK sein.

Herr LUNGWITZ schlug vor, die Erzvorratsberechnungen, ausgehend vom Erzvorratsblock durch eine Gestehungskostenkalkulation je Tonne Metall zu ergänzen. Die zentralen staatlichen Organe könnten dann die Berechnungen sämtlicher Betriebe koordinieren und die Bauwürdigkeitsgrenzen festlegen.

Dr. LEWIEN nahm u. a. zu den Ausführungen des Herrn LUNGWITZ Stellung. Die Festlegung des Minimalgehaltes beruht beim Kupferschieferbergbau hauptsächlich auf der Kapazität der Hüttenanlage und weniger auf den Kosten.

Zur Frage der Toleranzen wurde gesagt, daß das Arbeiten mit angenommenen Werten auf die Untersuchungen für wissenschaftlich begründete Toleranzwerte hemmend wirken würde. Die Anwendung von Toleranzen sollte bisher den Geologen eine Rückendeckung sein und die Planung vor großen Schäden bewahren. Bei der neuen Struktur unserer Grundstoffindustrie ist diese Rückversicherung nicht mehr notwendig.

Dipl.-Geologe PRATZKA stellte fest, daß die DDR bei der Erarbeitung der einheitlichen Klassifikation für Ost und West z. Z. eine Doppelstellung einnimmt.

Sie vertritt 1. offiziell im RgW ihren Standpunkt bei der Erarbeitung einer einheitlichen Klassifikation für das sozialistische Lager und 2. unterstützen Fachleute der DDR den westdeutschen Lagerstättenausschuß bei der Schaffung eines einheitlichen Klassifikationsentwurfes durch ihre persönliche Erfahrung und Meinung. Die Unterschiede in der Wirtschaftsform zwischen sozialistischen und kapitalistischen Staaten bedingen die unterschiedlichen Klassifikationsentwürfe. So stellt z. B. ein sozialistischer Staat auf Grund seiner Planwirtschaft z. Z. bedeutend höhere Ansprüche an eine Lagerstättenbewertung als ein Unternehmen in einem kapitalistischen Staat. Die einheitliche Wirtschaftsform in den sozialistischen Staaten ermöglichte die Einführung gleichartiger Klassifikationen und vor allem die Verbindlichkeit einer einzigen Klassifikation in jedem Staat.

Bei der Erarbeitung von einheitlichen Klassifikationsentwürfen — sei es für sozialistische oder kapitalistische Staaten oder ein Entwurf, der beiden Wirtschaftssystemen genügen soll — müssen die Forderungen der Planung, der Geologie und der Industrie weitgehend berücksichtigt werden.

Zu weiteren Problemen, die durch Vorträge berührt wurden:

1. Zur stufenweisen Bewertung im westdeutschen Klassifikationsentwurf: In der DDR werden die Vorräte komplex bewertet, d. h. nach geologischen, bergtechnischen und ökonomischen Faktoren gleichzeitig und entsprechend eingestuft. Wird z. B. nur eine der zahlreichen Forderungen nicht erfüllt, muß der Vorrat niedriger eingestuft werden. Bei unseren Kalilagerstätten stehen z. B. zweiseitig umfahrene B-Blöcke in der Klasse $C_1$, weil der Verlauf der Vertaubungsgrenze sehr unregelmäßig ist usw.

2. Der Entwurf der GDMB sieht vor, daß die 3. und 4. Stufe (technische und wirtschaftliche Beurteilung) nur auf die sicheren und wahrscheinlichen Vorräte angewandt wird. Die $A_2$- bis $C_1$-Vorräte der DDR entsprechen den sicheren Vorräten und die $C_2$-Vorräte den wahrscheinlichen Vorräten des Essener Entwurfes. Zum Beispiel gelten unsere $C_2$-Kalivorräte, die im Anschluß an Vorratsblöcke der Klassen A und B, alte bemusterte Abbaublöcke und an einzeln stehende Bohrungen vorbei (z. Z. bis zu den Markscheiden) extrapoliert und berechnet werden, als technisch und ökonomisch gewinnbar.

Auf den Erzlagerstätten sieht es ähnlich aus. Erkundet wird z. B. aus ökonomischen Gründen nur bis zur Klasse $C_1$ (speziell bei absetzigen Ganglagerstätten); die $C_2$-Vorräte werden meistens in unmittelbarer Abbaunähe ausgeblockt. Sie werden berechnet — nicht geschätzt, wie es bei den vermuteten und vielleicht vorhandenen Vorräten im Entwurf der GDMB angegeben wird.

3. Als wirtschaftlich notwendig erweist sich die Einführung der Klasse der prognostischen oder D-Vorräte. Sie würden dann den vermuteten oder vielleicht vorhandenen Vorräten entsprechen. Die bisherige Klasse $C_2$ umfaßt einen zu großen Bereich. Man neigte schon dazu, $C_2$ im engeren Sinne = berechnete Vorräte in Tonnen und $C_2$ im weiteren Sinne = geschätzte Vorräte in Tonnen größenordnungsmäßig anzugeben (z. B. 1 oder 10 Mio t). So müßte man in Zukunft die Vorräte, die auf Grund einzelner Aufschlüsse noch rechnerisch geschätzt werden können, in die Klasse D einordnen. Dort, wo sich keine Vorräte mehr erfassen lassen, müßten dann höffige Gebiete abgegrenzt werden, die *nicht* zu den prognostischen oder D-Vorräten gehören.

Zur Unterteilung der A- und B-Vorräte wurde festgestellt, daß einige Betriebe auf Angaben über greifbare Abbauvorräte Wert legen, um darauf ihre Abbauplanung aufbauen zu können. Durch das Beibehalten der Klasse $A_1$ in verschiedenen Mineralgebieten wäre den Forderungen der Bergleute Rechnung getragen, und es erübrigt sich, die Erkundungsklassifikation durch eine Bergbauklassifikation zu ergänzen. Zur Unterteilung der B-Vorräte in $B_1$ und $B_2$ sind aus der praktischen Arbeit keine begründeten Forderungen bekannt. Grundsätzlich sollte man die Klassifizierung so unkompliziert wie möglich halten.

Herr STAMMBERGER schlug vor, der Regierung den Vorschlag zu unterbreiten, die Vollmachten der ZVK dahingehend zu erweitern, daß sie neben der Bilanzierung und Kontrolle der Vorräte auch die Fragen des Lagerstättenschutzes, die z. Z. bei der TBBI liegen, übernimmt. Die TBBI ist diesen Aufgaben nicht gewachsen.

Auf die Frage der Toleranzen ging Herr STAMMBERGER ein und bewies an Hand eines skizzierten Beispiels, daß bei einer großen Fläche, in der zahlreiche Blöcke liegen, die Toleranz für z. B. $C_1$-Blöcke nicht größer sein darf als für $A_2$-Blöcke.

Die $A_2$- und B-Vorräte unterscheiden sich von den $C_1$-Vorräten durch die Detailliertheit und den Umfang der Angaben sowie genauere Kenntnisse über die Verteilung der Gehalte im Block, in kleineren Flächen usw. Sie unterscheiden sich aber nicht in der Genauigkeit der Mengenangaben.

Dipl.-Geologe ROHRBECK sprach sich gegen die Einführung einer weiteren (Bergbau-) Klassifikation aus und forderte, daß die $A_1$- und $A_2$-Vorräte nicht zusammengelegt werden. Die Einstufung in die Klasse $A_2$ bildet praktisch den Abschluß der Erkundungsarbeit. Zwischen $A_1$ und $A_2$ besteht der Unterschied, daß $A_1$-Vorräte aus- und vorgerichtet sind. Es wäre richtiger, die $A_1$-Vorräte als aus- und vorgerichtete Vorräte zu bezeichnen.

Die prognostischen oder D-Vorräte dürfen nicht zum Fantasieprodukt der Geologen werden. Es ist zu unterscheiden zwischen einem höffigen Gebiet, auf dem z. B. in der Braunkohle 3 Bohrungen mit einem Abstand von 50 km stehen und geringe Kohlenlagen angetroffen haben, und einem durch die anschließende Vorerkundung abgegrenzten mineralführenden Gebiet, bei dem prognostische oder D-Vorräte in Tonnen angegeben werden können. Man soll unterscheiden zwischen dem, was man weiß und dem, was vermutet wird.

Zur Frage der Toleranzen sagte Herr ROHRBECK, daß man sie nur auf die aus- und vorgerichteten Vorräte beziehen sollte und nicht auf die Vorratsklassen.

Professor KAUTZSCH sagte zur Unterteilung der Klasse B in $B_1$ und $B_2$, daß die bulgarische Gruppe im RgW die Unterscheidung von drei Gruppen vorgeschlagen hat:

| | | |
|---|---|---|
| 1. Gruppe: | $A_1$ | = industrielle Vorräte |
| 2. Gruppe: | $A_2$, $B_1$, $B_2$ | = industrielle geologische Vorräte |
| 3. Gruppe: | $C_1$, $C_2$ | = perspektivische geologische Vorräte. |

In Bulgarien hat man eine besondere technisch-ökonomische Abteilung, die die Vorräte auf ihre Verwertbarkeit überprüft.

Der bulgarische Vorschlag ist kompliziert und stößt auch bei der sowjetischen Expertengruppe auf Ablehnung.

Dr. REH: Die Meinungen für die Beibehaltung der $A_1$-Vorräte erscheinen begründet. Auf dem Erzsektor bringt das Schwierigkeiten mit sich, und man sollte die Unterteilung nur dort anwenden, wo es günstig ist, und sonst die Vorräte unter A zusammenfassen.

Die Klasse D soll die geologische Kombination enthalten. Einige Kollegen werden sich scheuen, bei der Klasse D Zahlen anzugeben. Darum wurden von Dr. REH für diese Klasse allgemeine Bezeichnungen vorgeschlagen. Durch D-Vorräte soll dem Volkswirtschaftler ein Hinweis gegeben werden, daß hier noch mit Kohle usw. zu rechnen ist.

Für die Schaffung einer einheitlichen Klassifikation für alle Länder wäre jetzt ein günstiger Zeitpunkt, und man sollte versuchen, auf der Grundlage der sowjetischen Klassifikation zu einer einheitlichen Lösung zu kommen.

Die Klasse B ist gut definiert und genügt zur Erfassung der zwischen den Klassen $A_2$ und $C_1$ liegenden Vorräte. Die Erweiterung der Klasse $C_2$ erscheint nicht notwendig. Die besondere Unterscheidung von bedingten Außerbilanzvorräten wird abgelehnt.

Die Einführung von Toleranzen wird bejaht. Es erschiene logisch, die Klassen auf eine gewisse Aussagesicherheit oder auf die Wahrscheinlichkeit des Vorhandenseins aufzubauen. Schwierigkeiten für die Einstufung nach Toleranzen bereitet die Forderung, daß bei ungeklärten Fragen, wie Hydrogeologie usw., die Vorräte eine Klasse tiefer eingestuft werden müssen.

Dr. VOGEL: Die $A_1$-Vorräte führen ein Schattendasein. Sie stehen in den Instruktionen und treten bei den meisten Mineralien nicht hervor. Würde man nur aus- und vorgerichtete Vorräte in $A_1$ einstufen, so könnte man nur einen ganz geringen Teil erfassen, denn viele derartige Vorräte stehen auch in B und $C_1$. $A_1$ müßten Vorräte sein, die vollständig erkundet worden sind.

In der Regel kommt es auf dem Sektor Flußspat/Schwerspat nicht zum Ausblocken von $A_1$-Vorräten.

Die bedingten Außerbilanzvorräte sollte man grundsätzlich nicht gesondert ausweisen. Die Einführung von Toleranzen wurde begrüßt, da sie Richtschnur für das Einstufen der Vorratsblöcke sein können. Die für die Klassen festzulegenden Toleranzen müßten bei allen Mineralen gleich sein und nicht bei Steinkohle $\pm$ 5%, bei Schwerspat $\pm$ 20% usw. Das würde zu einer unterschiedlichen Bewertung der Klassen führen und Verwirrung stiften.

Zu dem Hinweis, daß die Abweichungen zwischen Berechnung und Abbau bei größeren Flächen geringer sind als bei einem kleinen Block, wurde ein Beispiel von der Flußspatlagerstätte Ilmenau angeführt. Hier ergaben sich bei einzelnen Blöcken bis zu 80% Abweichungen. Die Endsumme zeigte mit einer Berechnung von 68000 t gegenüber einem Abbau mit 70000 t eine sehr gute Übereinstimmung.

Dipl.-Ing. STAMMBERGER bezeichnete die in den Instruktionen festgelegten Konditionen als viel zu hoch. In den Instruktionen wurden die damals von der Industrie vorgeschlagenen Werte akzeptiert. Eine der nächsten Hauptaufgaben wird es sein, durch die ZVK und Industrie fortschrittliche begründete Konditionen zu erarbeiten.

Über die prognostischen Vorräte bestehen wahrscheinlich sehr unklare Vorstellungen. Zu den prognostischen Vorräten gehören die Vorräte, die früher als geschätzte $C_2$-Vorräte angenommen wurden. Bei unseren Vorstellungen wurde von den Freiberger Ganglagerstätten ausgegangen und gesagt, daß man unter der tiefsten Sohle nur 30—40 m $C_2$-Vorräte (nach der Tiefe) extrapolieren kann. Da aber die Gänge noch tiefer gehen werden, vielleicht bis zum Granitkontakt, und damit auch noch Vorräte da sind, wird man hier geschätzte $C_2$-Vorräte angeben können. Diese Vorräte würden dann unseren D-Vorräten entsprechen und wären in die neue Klasse D zu stellen.

Das wäre in der Klasse D die *erste* Art Vorräte. Die *zweite* Art Vorräte hängt von der Entwicklung der Technologie der Industrie ab. Hierzu gehören Steinkohlenflöze, die in größere Tiefe gehen, als bisher (wegen der Bewetterung) abgebaut werden konnten usw. Eine *dritte* Art der Vorräte sind die Ersatzrohstoffe. Zum Beispiel die Herstellung von Aluminium aus Tonen. In den USA hat man dafür schon eine Großanlage gebaut. — Dort setzt man sich für das Jahr 2000 die Gewinnungsgrenze für Uran beim Abbau von Graniten usw., das sind *potentielle* Vorräte, die unter die prognostischen Vorräte eingeordnet werden müßten.

Die *vierte* Art sind Vorräte, die *da* sind, aber noch nicht festgestellt wurden. Zum Beispiel gibt es in der Sibirischen Plattform unter der Trappformation die steinkohlenführende Tungusische Suite, die auf einer riesigen Fläche verbreitet ist. Sie ist an sehr vielen Aufschlüssen in den Tälern bekannt, und die Kohle wird an 20—30 Stellen bereits wirtschaftlich genutzt. Bei Kenntnis der stratigraphischen Situation kann man in großen Umrissen die Flächen in Tonnen größenordnungsmäßig angeben, z. B. 2,5 Bill.

Unsere an die Klasse $C_1$ gestellten Forderungen entsprechen den in den USA an measured oder A gestellten Anforderungen. Als Beispiel wurde ein $C_1$-Block unserer Uranlagerstätten angeführt. So ein Block wird von 2 Sohlen, einem Zentralüberhauen und weiteren Rollen begrenzt. Er wird in $C_1$ eingestuft, weil das Mineral so absetzig ist. Die Genauigkeit der Vorräte wird mit $\pm 10\%$ angegeben und nicht mit $\pm 25\%$. In den USA würde man einen derartig aufgeschlossenen Block sicher in A einstufen. Bei uns ist für die Einstufung nicht die Beleuchtbarkeit oder die Zahl der Aufschlüsse entscheidend, sondern die Tatsache, was man von dem Mineral weiß. — Die sedimentären Uranlagerstätten von Gera würde man wahrscheinlich bis in die Klasse B ausblocken können, da sie nicht so unregelmäßig in der Mineralführung sind. Die berühmten Rhodesischen Lagerstätten wurden nur durch Bohrungen mit einem recht großen Abstand erkundet. Für diese Bohrungen wurden beträchtliche Summen investiert. Das waren $C_1$-Vorräte, die hier erkundet worden sind.

Zu den Toleranzen wurde vorgeschlagen, die notwendigen Unterlagen zu erarbeiten, wie es z. B. im Kupferschieferbergbau getan wird. Die Unterlagen zu schaffen, ist eine große Forschungsaufgabe, zu der ein sorgfältiges Studium der Lagerstätten notwendig ist. Zur Zeit wird das Material, das bei den Erkundungsarbeiten anfällt, noch viel zu ungenügend ausgewertet.

Dr. HETZER: Die Praxis und die Bilanzen haben gezeigt, daß die $A_1$-Vorräte mit Einführung einer verbindlichen Klassifikation und den Instruktionen nach und nach aus den Vorratsberechnungen verschwunden sind. Man sollte das aber nicht auf alle Mineralgebiete übertragen, sondern dort, wo $A_1$-Vorräte berechnet werden können, diese auch ausweisen. Praktischer wäre es, nur mit A-Vorräten zu rechnen.

Die Einführung von D-Vorräten ist notwendig. Auch im Kupferschiefer gibt es Vorräte, die noch nicht erbohrt worden sind, von denen man aber genaue Vorstellungen hat. Es nützt hier aber nichts, nur km² usw. anzugeben, sondern hier müssen Zahlen genannt werden. Für diese Vorräte wären Toleranzen besonders notwendig. Wenn für die gut fundierten Klassen $A_2$ bis $C_1$ Toleranzen angegeben werden, so kann das die Situation nur verschlechtern. Anders ist es aber bei $C_2$ und D. Toleranzen sind für den Betriebsplan nicht zu vertreten. Man kann doch nicht der Plankommission ein Ergebnis oder einen Plan mit $\pm 20\%$ vorlegen.

Die Gruppe der bedingten Außerbilanzvorräte hat sich in der Parixs als äußerst notwendig erwiesen und nicht die Schwierigkeiten gemacht, die man erst erwartet hatte. So konnten darin die Blei-Zink-Schiefer des Kupferschiefers untergebracht werden. Die bedingten Außerbilanzvorräte müßten richtiger als bedingte Bilanzvorräte bezeichnet werden, da sie den Bilanzvorräten näherstehen und hier später eingeordnet werden sollen.

Prof. OELSNER erklärte, daß sich seine Toleranzvorschläge auf die Lagerstättenberechnungseinheit beziehen — das wäre der Vorratsblock. — Die Meinungen zur Klasse A sind sehr verschieden. Man sollte überprüfen, wieviel Lagerstätten es gibt, die wirklich $A_1$-Vorräte führen. Die Entscheidung sollte entweder nur eine Klasse A oder $A_1$ und $A_2$ vorsehen.

Dipl.-Ing. RICHTER: Die Forderungen und Untersuchungsmethoden geben den Vorräten große Sicherheiten, so daß für die Klassen $A_1$—$C_2$ keine Toleranzen gebraucht werden. Über positive Differenzen wurde bisher hinweggesehen. Gegen negative Differenzen will man sich versichern.

Dipl.-Geologe BACH bezeichnete die Charakterisierung und Definition der Klasse D als wichtig. Bezeichnungen wie „viel, sehr viel" usw. sind abzulehnen. Die Forderung D-Vorräte in Zahlen anzugeben, zwingt die Geologen, die Geologie und Tektonik eingehend zu studieren. Für D-Vorräte muß das Gebiet näher abgegrenzt werden können. Für die Definition von $C_2$- und D-Vorräten wurden folgende Vorschläge gemacht:

*$C_2$-Vorräte:* durch mehrere Bohrungen angetroffen, Mineralart, Gehalte und Mächtigkeiten in groben Umrissen bekannt; die Geologie ist durch geophysikalische Untersuchungen und geologische Analogieschlüsse theoretisch begründet.

*D-Vorräte:* durch eine oder mehrere aber regional ziemlich weitverbreitete Bohrungen aufgeschlossen oder durch einzelne Schürfe oder Aufschlüsse bekannt. Technologie, Stratigraphie und Tektonik sind noch weitgehend unbekannt. Gehalte, Mineralarten und Mächtigkeiten sind nur bedingt bekannt.

Prof. KAUTZSCH definierte die Klasse $C_2$ nach der DDR-Klassifikation und stellte fest, daß in den Klassifikationen der anderen sozialistischen Länder ähnliche Definitionen enthalten sind. Trotzdem wird eine Erweiterung durch die Klasse D und ihre Abgrenzung gefordert.

Im Unterschied zu D müssen die Vorräte der Kategorie $C_2$ auf jeden Fall durch konkrete Angaben, die das Vorhandensein fester mineralischer Rohstoffe bezeugen, sowie durch Angaben über deren Mächtigkeit und Qualität bestätigt sein. Die Angaben müssen auf Grund mehrerer oder wenigstens einer Erkundungsbohrung gewonnen worden sein.

Dipl.-Geologe PRATZKA: Zahlreiche Betriebe sind an der Ausweisung von $A_1$-Vorräten interessiert. Gefragt sind hier die restlos erkundeten bzw. die aus- und vorgerichteten Vorräte. Die Betriebe wollen bei den jährlichen Bilanzen die Veränderungen ihrer „Abbaureserven" beobachten.

Heute arbeitet man mit der Hauptmenge der Vorräte in den Klassen $C_1$ und $C_2$. Durch die erhöhten Anforderungen hat in den letzten Jahren eine Wanderung der Vorräte aus den Klassen A und B nach $C_1$ stattgefunden. Die Vorräte der Klasse $C_1$ haben sich stark vergrößert. Die Bedeutung der Klasse $C_2$ ist gewachsen. Diese Tendenzen machen eine genaue Abgrenzung der Klasse $C_2$ gegen D und $C_1$ notwendig.

Dipl.-Ing. STAMMBERGER: In Ungarn definiert man die Klasse D so, wie wir unsere „höffigen Gebiete" oder eine weitere Klasse „E" charakterisieren würden. So eine Klasse E braucht die DDR auch, da in ihr die höffigen Gebiete erfaßt werden könnten. Es wäre für unsere Perspektivplanung wichtig zu wissen, was die DDR überhaupt an Bodenschätzen besitzt. Haben wir höffige Gebiete, z. B. auf Gold oder Platin, oder sind wir da perspektivlos? Das muß im Importplan berücksichtigt werden, andererseits müßte es Gegenstand der Erkundung werden.

**Beschlußfassung**

Abschließend schlugen die an der Beratung beteiligten Fachleute eine Empfehlung zur weiteren Zusammenarbeit mit den westdeutschen Fachkollegen vor, deren Inhalt folgende Fragen betraf:

1. Die ZVK ist die Institution, die durch Gesetz legitimiert ist, Verhandlungen mit Vertretern der Bundesrepublik und Österreich über eine einheitliche Klassifikation zu führen.

2. Die derzeit vorgeschlagenen Klassifikationsentwürfe (PETRASCHECK, JAHNS und REH) entsprechen nicht den Bedürfnissen der geologischen Erkundung und bergmännischen Produktion in der DDR.

3. Es wird vorgeschlagen, den Kontakt mit den westdeutschen Kollegen weiter aufrechtzuerhalten und ihnen zu empfehlen, die Bestätigung eines der vorliegenden Entwürfe nicht zu übereilen.

4. Wir empfehlen, die positiven Vorschläge der amerikanischen, englischen, französischen und sowjetischen Geologen zu prüfen und zu berücksichtigen.

Ferner wurde eine Plattform für die Mitarbeiter der DDR im Ständigen Ausschuß für Geologie im RgW ausgearbeitet und angenommen. Von den Fachleuten der DDR werden darin folgende Auffassungen festgelegt:

1. Zur Unterteilung der Klasse A sollen die Vertreter der DDR die Diskussion und den Standpunkt der anderen Länder hören. Verzichtet die Mehrheit auf eine Unterteilung, soll sich die DDR dem anschließen.

2. Die Klasse B soll nicht in $B_1$ und $B_2$ untergliedert werden.

3. Zur Klasse $C_2$ wird vorgeschlagen, diese wie in der Formulierung der DDR-Klassifikation beizubehalten.

4. Die DDR stimmt der Einführung einer neuen Klasse D (prognostische Vorräte) zu.

5. Auf die Ausgliederung einer besonderen Vorratsgruppe „bedingte Außerbilanzvorräte" ist in der Klassifikation zu verzichten.

6. Es ist unbedingt nur *eine* Klassifikation für Erkundung und Abbau zu schaffen.

7. Die Schaffung einer einheitlichen Klassifikation für Ost und West wird für möglich gehalten und müßte auf der Grundlage der besten und fortschrittlichsten Erkenntnisse durchgeführt werden.

8. Zur Frage der Toleranzen wurden zwei Vorschläge formuliert:

a) Es wäre zu begrüßen, wenn die in den Klassen beruhende Sicherheit zahlenmäßig ausgedrückt werden könnte. Es gibt vorläufig noch keine Methoden, die objektive Ergebnisse ermöglichen, darum sollte man vorläufig von Toleranzen Abstand nehmen.

b) Aus der geologischen Wahrscheinlichkeit sind gewisse Toleranzen herauszunehmen, damit die Betriebe danach ihre Einstufung der Vorräte kontrollieren können.

# Kali-Symposium, Berlin 1958

WOLF LANGBEIN, Jena, & JOACHIM GESS, Berlin

Einberufen von der Deutschen Akademie der Wissenschaften zu Berlin, Arbeitsstelle für Mineralsalzforschung (Direktor Prof. Dr. SEROWY), fand vom 16. bis 22. Juni 1958 in Berlin ein Symposium über Mineralogie, Geologie, Chemie und Technologie der Mineralsalze ozeanischen Ursprungs statt.

Diese auch für den Geologen wichtige Tagung brachte eine große Menge Anregungen für alle Teilnehmer, u. a. durch die rege Beteiligung sowjetischer Forscher, deren interessante Untersuchungsergebnisse dadurch zum erstenmal größeren Kreisen der DDR und Westdeutschlands bekannt wurden. Die fruchtbaren und lebhaften Diskussionen boten Gelegenheit für die drei vertretenen Gruppen, die sowjetische Schule, die Schule der deutschen Physiko-Chemiker und die jüngeren deutschen Geologen, ihre Ansichten zu salzgenetischen Fragen im wissenschaftlichen Meinungsstreit zu verteidigen. Erfreulicherweise bestanden dabei, von einigen Ausnahmen abgesehen, keine prinzipiellen Differenzen; es ging meist nur um die größere oder geringere Bedeutung von Einzeltatsachen und die Anwendbarkeit von physikalisch-chemischen Reaktionen für die Erklärung der natürlichen Verhältnisse. Diese Diskrepanzen dürften sich durch intensive Untersuchungen und durch aufmerksames Studium der natürlichen Verhältnisse und rezenten Bildungen (letzteres wurde von den sowjetischen Forschern besonders anschaulich praktiziert) leicht beseitigen lassen. Voraussetzung ist, wie in den Vorträgen mehrfach deutlich zum Ausdruck kam, die Zusammenarbeit zwischen den verschiedenen Fach- und Forschungsrichtungen.

Ebenfalls sehr begrüßenswert war, daß die Kali-Forschungsstelle Sondershausen hier zum zweitenmal an die Öffentlichkeit trat und über ihre für unsere Kaliindustrie wichtigen Untersuchungen berichtete. Es ist zu hoffen, daß bald Gelegenheit besteht, sich auch über die in diesem Zusammenhang stark interessierenden Vortragsthemen von M. P. FIVEG, Leningrad und der bulgarischen Delegation, die leider ausfielen, zu informieren. Begrüßenswert wäre es, diese in die geplante Veröffentlichung sämtlicher gehaltenen Vorträge, die in den Freiberger Forschungsheften erscheinen sollen, aufzunehmen. Im Folgenden sollen die Hauptthemen einiger für den Geologen besonders interessanter Vorträge kurz besprochen werden:

H. BORCHERT, Clausthal-Zellerfeld: *Grundzüge der Entstehung und Metamorphose ozeanischer Salzlagerstätten*

Der Vortragende gab einen Überblick über seine neueren Ansichten an Hand einiger Beispiele aus seinem in Kürze im Bornträger-Verlag erscheinenden neuen Buch, einer stark veränderten Neuauflage der „Salzlagerstätte des deutschen Zechsteins" 1940. Als Grundkonzeption wird die OCHSENIUSsche Barrentheorie in ihrer erweiterten Form angegeben und alle Konzentrationsänderungen auf eine systematische Veränderung der Verbindungswege zurückgeführt. Deszendenzen wurden für alle deutschen Kalilager abgelehnt. Während 1940 der Fazieswechsel auf primäre Art unter dynamisch-polythermen Bedingungen entstanden erklärt wurde, wird heute eine solche Deutung abgelehnt; auch unter dynamisch-polythermen Bedingungen liegt das Schwergewicht bei allen Temperaturen auf der primären Carnallitkristallisation. Bei dieser Erklärungsweise spielt das hohe Sulfatdefizit eine ausschlaggebende Rolle, für das eine neue einleuchtende Erklärung gegeben werden konnte. Die

Voraussetzung ist eine Faulschlammfazies vor oder während der Salzabscheidung, für die es genügend rezente und historische Großbeispiele gibt, sowie die damit verbundene Ausbildung reduzierender Verhältnisse im Abscheidungsraum. Das Sulfat wird zu Sulfid und Schwefelwasserstoff reduziert, entweicht als Gas aus dem Wasser und wird damit dem Ausscheidungssystem entzogen, das seine Zusammensetzung in Richtung auf ansteigende $MgCl_2$-Konzentrationen ändert. Der Sulfatgehalt der Kalilagerregionen rührt dann von den Umwandlungslaugen her, die als Gipsdehydrationswässer hohe $CaSO_4$-Gehalte besitzen. Die Entstehung des Hartsalzes wird ausschließlich durch diese Metamorphose erklärt, wobei der Redner besonders auf die Bedeutung der Stufenmetamorphose hinwies, bei der in folgender Reihenfolge u. a. Langbeinit-Sylvinhalit, Kieserit-Sylvinhalit und Anhydrithalit entstehen können. Der Beginn dieser Metamorphose wird in eine Zeit nach Ablagerung fast der gesamten Deckschichten verlegt, sie soll bevorzugt an Aufwölbungen stattfinden und durch die Laugendurchtränkung und Mobilisation der Salzmassen die von RICHTER-BERNBURG als „frühdiagenetische Störungen" gedeuteten Erscheinungen, Anhydritschollen im überlagernden Steinsalz und die Spezialtektonik im Bereiche des Kalilagers verursacht haben. Für die tatsächlich primäre Gipsausscheidung konnten zahlreiche Beispiele angeführt werden, die aus den Arbeiten des Vortragenden (BORCHERT & BEYER 1954, Zur Metamorphose ozeaner Gipsablagerungen) hinreichend bekannt sind. Man kann die Herausgabe des erwähnten Buches, in dem der Verfasser seine Ansichten sehr stark den augenblicklich in Westdeutschland vorherrschenden angeglichen hat und in dem auch neuere sowjetische Arbeiten berücksichtigt werden, nur begrüßen.

M. G. WALJASCHKO, Moskau: *Die wichtigsten geochemischen Parameter, die die Bildung der Kalisalzlagerstätten bestimmen*

Es wurde als sehr erfreulich empfunden, daß anläßlich dieser Tagung Gelegenheit bestand, den Vortragenden, dessen Arbeiten uns erst in letzter Zeit durch ein Referat in der Geologie (Bd. 7, Heft 2) andeutungsweise bekannt wurden, nun auch persönlich kennenzulernen. Er sprach über seine Ansichten von der Genese rezenter und fossiler Salzlagerstätten, wobei er sich ausschließlich von dem vorliegenden Tatsachenmaterial über die Kristallisation bei natürlichen Bedingungen leiten ließ; in der Sowjetunion mit ihren zahlreichen und verschiedenartigen Salzablagerungen fossiler und rezenter Natur sind für ein solches Vorgehen alle Voraussetzungen gegeben. Für die Bildung von Salzlagern sind nicht nur stabile Gleichgewichte, sondern auch metastabile von Bedeutung, so daß man in der Natur mit Paragenesen zu rechnen haben kann, die unter Gleichgewichtsbedingungen unmöglich wären. So ist z. B. eine gemeinsame Ausscheidung von Magnesiumsulfaten (Epsomit und Hexahydrit), Sylvin und Steinsalz, also Bildung von kieseritischem Hartsalz, auch bei Temperaturen von $+25°$ C möglich, wie auch die Abscheidung von Polyhalit zu beobachten ist. Die Mutterlaugen entstammen dem Meerwasser, haben aber meist durch verschiedene Prozesse, wie fraktionierte Kristallisation und Einfluß von Wässern anderer Zusammensetzung, Wandlungen erfahren, mit denen sich die Entstehung und die Paragenesen der meisten Salzlagerstätten zwanglos erklären lassen. Die sowjetischen Forscher verwenden dafür den Begriff der Metamorphisierung, den man auch bei uns einführen sollte, um eine klare Abgrenzung von unseren Metamorphoseprozessen zu ermöglichen. Für das Sulfatdefizit in vielen Salzlagerstätten macht WALJASCHKO drei Prozesse verantwortlich:

Die Sulfatfällung durch bicarbonathaltige Wässer bei der Vermischung von Meer- und Süßwasser, Ionen-Austauschprozesse mit dem Schlamm und biologische Sulfatreduzierung, wobei er den ersten, ausgehend wieder von Beobachtungen an Salzseen, die größte Bedeutung zubilligt. Die Kristallisation von Kalisalzen soll vorwiegend in Senken, in denen sich die Restlaugen ansammeln können, vor sich gehen, und die rezessiven NaCl-Phasen z. T. deszendenter Natur sein. Durch jahreszeitliche Kristallisationsschwankungen kann eine Feinschichtung des Lagers entstehen, die in verschiedenen Senken den gleichen Aufbau zeigt. Diese und eine Fülle weiterer Gesichtspunkte, die in diesem sehr interessanten Vortrag zur Sprache kamen, verdienen bei der Deutung der deutschen Zechsteinsalzlager Beachtung. An diesen Vortrag schloß sich eine sehr rege und interessante Diskussion an, die später im kleinen Kreis weitergeführt wurde und in der zum ersten Male die neueren Theorien der sowjetischen Schule, vertreten durch Prof. WALJASCHKO, den herkömmlichen und neueren deutschen Ansichten, vorgebracht von Prof. BORCHERT, gegenübergestellt wurden. Man hatte den Eindruck, daß die sowjetischen Forscher die für die Salzgenese wichtigen Prozesse etwas umfassender und komplexer betrachten, als wir es gewohnt sind, und erst dann, an Hand von Beobachtungen an natürlichen Systemen, den einzelnen Faktoren größere oder geringere Bedeutung beimessen. Andererseits bergen die deutschen Kalilager eine Reihe von Problemen, die sich mit den vorgetragenen Theorien noch nicht lösen lassen. Bleibt zu hoffen, daß dieser für beide Teile äußerst fruchtbare Meinungsaustausch und die anläßlich dieser Tagung geknüpften gegenseitigen Beziehungen nicht abreißen; sie werden die Lehre von der Entstehung der Salzlagerstätten ein großes Stück voran- und den wirklichen Gegebenheiten näherbringen.

W. HOPPE, Weimar: *Metamorphose der Werra-Kalisalzlagerstätten*

Durch genaue und sorgfältige Analyse der tektonischen Vorgänge, die das heutige Erscheinungsbild der Lagerstätte bewirkten, konnten drei zeitlich verschiedene Stadien der Beeinflussung, die stets auch mit einer Veränderung im Kalilager verbunden sind, nachgewiesen werden. Man darf also auch die heutige Ausbildung des Kalilagers nicht einem einzigen Metamorphoseprozeß zuschreiben, sondern muß versuchen, den heutigen Zustand als Ergebnis verschiedener, zu verschiedenen Zeiten stattgefundener Prozesse zu erklären. Die erste Phase fällt mit der Heraushebung des Thüringer Waldes zusammen, ist also jungkimmerisch. Sie hat die Salztafel im plastischen Zustand angetroffen und macht sich heute im Ausstreichen am Rand des Thüringer Waldes, dem generellen Einfallen und der Gliederung in vorwiegend herzynische Sättel und Mulden bemerkbar. Diese Verformungen waren mit einer starken Laugendurchtränkung verbunden und einer entsprechend großräumigen Metamorphose, man kann diesen Prozeß als Dynamometamorphose bezeichnen. Bedingt durch die Gleichzeitigkeit dieser Vorgänge ist eine Sattel-Muldenbeziehung der Faziesverteilung nicht zu erwarten und konnte auch nicht gefunden werden. Die zweite tektonische Phase traf das Salzlager schon als feste nicht mehr plastische Tafel an. Dadurch konnten Spalten und Klüfte entstehen, die den Basalten und den damit verbundenen Thermalwässern als Aufstiegswege dienten. Auch damit war eine metamorphe Beeinflussung des Kalilagers verbunden, die mehr oder weniger starke Umkristallisationen, Anreicherungen, Verarmungen und Vertaubungen bewirkte. Doch dürften diese Vorgänge nicht auf die gesamte Lagerstätte übertragen werden, und zur Gesamtfaziesverteilung lassen sich keine Beziehungen aufstellen. Dieser Prozeß muß in das Obermiozän gestellt werden, der dritte Prozeß in das jüngste Tertiär bis Pleistozän. In seinem Gefolge wirkten deszendente Wässer von Spalten ausgehend auf das Kalilager ein und ergaben die letzte, die eigentliche Hydrometamorphose. Dabei entstanden die Auslaugungssenken und davon ausgehend sekundäre Bildungen, wie Sylvinit, Trümmerhartsalz, blaues Steinsalz, kainitisches Hartsalz. Gleiche Gesteine und Vorgänge entstanden auch bei der Einwirkung der Tageswässer auf die Lagerstätte am Ausgehenden, am Salzspiegel (die Bildung eines Salzhanges bei Berka ist auch im Werragebiet nur ein Sonderfall, der seine Entstehung der Ablaugung am Tiefenorter Sattel verdankt). Der Vortrag war nicht zuletzt auch deshalb sehr wertvoll und in diesem Rahmen besonders angebracht, weil er deutlich zeigt, daß die Probleme der Salzlagerstätten nur in enger Zusammenarbeit zwischen Mineralogen, Geologen und Chemikern gelöst werden können.

A. G. HERRMANN, Berlin: *Die Bedeutung der Spurenelementanalyse für salzlagerstättenkundliche Untersuchungen*

Es wurde ein allgemeiner Überblick über die zahlreichen bisher in Salzgesteinen und Salztonen nachgewiesenen Spurenelemente gegeben, ihr spezifisches Vorkommen und ihre Eignung als Hilfsmittel für stratigraphische und genetische Erörterungen. Die bedeutendste Rolle spielt dabei das Br, das als isomorpher Bestandteil in den Chloriden vorhanden ist und schon viel zur Klärung v. a. stratigraphischer Probleme beitragen konnte. Rb u. Cs kommen im Carnallit vor und werden auch daraus gewonnen, Li ist Bestandteil der Tone, auch Ammonium konnte gefunden werden und gilt neben $H_2S$ als Hinweis auf Zersetzung organischer Substanzen. Schwermetalle Cu, Ag, Au, Pt-Metalle, Ge, Sn, Pb, Zn, Cr sind vorwiegend in den tonigen Gesteinen angereichert. Sr, Ba treten besonders im Anhydrit auf, dabei ist besonders beachtenswert, daß Sr nicht in das Gipsgitter eingebaut werden kann und damit eine Unterscheidung von primären Gips- und Anhydriteinlagerungen möglich wird. Das Vorkommen von Pb, Ra, U, He gestattet Untersuchungen über das Alter der Salzgesteine, Fe und B können in verschiedener Form und in eigenen Mineralien nachgewiesen werden und gestatten Rückschlüsse auf die Bildungsbedingungen. Auch zu regionalen Unterscheidungen und genetischen Schlußfolgerungen lassen sich Spurenelementuntersuchungen heranziehen, so ist z. B. der Pb-, Cu-, Sn-Gehalt des Älteren Steinsalzes im Südharzkalirevier höher als im subherzynen Becken; es läßt sich ein Anstieg der Spurenelementgehalte zwischen Steinsalzbänken, Zwischenmittelsteinsalz und Sylvin in der Liegendgruppe des Staßfurtlagers feststellen, sowie ein relativ hoher Gehalt für das Steinsalz aus Hartsalz- und Vertaubungszonen, was als Beweis für eine sekundäre Umbildung durch Liegendwässer angesehen wird.

Weiter sind noch folgende Elemente nachgewiesen: Ti, Mn, Ni, Ga, Se, P, As besonders in Salztonen, Al in Salzen und Tl in Carnallit. Weitere Untersuchungen auf diesem noch wenig erforschten Gebiet lassen sicherlich, unter Wahrung der besonders notwendigen Vorsicht, noch zahlreiche wertvolle Ergebnisse und Hinweise erwarten.

U. MARR, Meißen: *Die Bildung des Staßfurt-Flözes unter Berücksichtigung geochemischer Untersuchungen*

Die Vortragende gab einen Überblick über die Ansichten, die sie bei Untersuchungen über die Eisenverteilung im Staßfurtflöz gewonnen hat und die sie mit den z. Z. anerkannten Vorstellungen über die Genese der Kalisalzlagerstätten nicht vereinbaren kann. Aus der Erscheinung des Anionenüberschusses, dem Auftreten von Pyrit, Silikaten, Kaolinit und Koenenit in Tonlösern sowie aus der vermuteten Ausscheidung von $FeCl_2$-haltigem Carnallit wird die Notwendigkeit der Annahme saurer Bildungsbedingungen (pH 4—5) abgeleitet. Der gesetzmäßige Anstieg der $Fe_2O_3$-Gehalte in Kaliumgesteinen ist mit den Bedingungen des quinären Systems unter normalen Bedingungen nicht vereinbar, außerdem verlangt das Vorherrschen von $Fe^{++}$-Ionen die Annahme einer Entstehung in schwach reduzierendem Medium. Ein Vergleich der Eisengehalte von Tachhydrit mit denen des umgebenden Carnallits läßt eine Verdrängung als unwahrscheinlich erscheinen; es wird daher gleichzeitige Kristallisation der beiden Minerale angenommen. Die Diskussion und andere am gleichen Ort gehaltene Vorträge gaben einige Hinweise darauf, wie diese den herkömmlichen Ansichten widersprechenden Ergebnisse erklärt werden könnten. H. BORCHERT wies darauf hin, daß die Art der Probenahme für genauere Untersuchungen nicht genügt, da über die genaue Verteilung der Eisengehalte auf verschiedene Minerale keine Angaben zu gewinnen sind; einen Hinweis auf eine sekundäre Natur des Tachyhydrits sieht er in dessen häufiger Paragenese mit Rinneit, der zur Bildung ebenfalls enorme $Fe^{++}$-Konzentrationen verlangt. Der Vortrag von O. BRAITSCH (s. u.) ergab ferner, daß die u. a. zur Beweisführung benutzten Tonminerale (Kaolinit, Koenenit) im eigentlichen Salzgestein nicht nachzuweisen sind, dagegen treten Magnesit und Brucit auf, die unter den angegebenen pH-Verhältnissen weder gebildet werden noch erhalten bleiben können. Auch die Eisengehalte beschränken sich nicht lediglich auf den Hämatit, der als Entmischungsprodukt eines Eisencarnallits angesehen wird, sondern sind u. a. auch in Chlorit und Magnesit in nicht unerheblichen Anteilen vorhanden.

A. BAAR, Kassel: *Über gleichartige Gebirgsverformungen durch bergmännischen Abbau von Kaliflözen bzw. durch chemische Umbildung von Kaliflözen in geologischer Vergangenheit*

Durch den Abbau von Kaliflözen entsteht im Hangenden und Liegenden der Abbaue ein Aufblättern des Schichtenverbandes, die WEBERschen Hohlräume. Im Umweg über Spüllauge können — zumindest bei der Aufwölbung der Sohle — diese Hohlräume wieder zukristallisieren. In geologischer Vergangenheit müssen bei der Umwandlung von Carnallit zu Hartsalz und Vertaubung Mächtigkeitsreduktionen der Flöze und damit ein ähnliches Nachsacken des Hangenden eingetreten sein. Der Redner möchte damit das Auftreten von Begleitflözen und einzelnen nicht durchhaltenden Kalisalzvorkommen, besonders in der Werra-, Leine- und Allerserie erklären, wobei jeder Fall einzeln überprüft werden müßte.

Während gerade für das erwähnte Begleitflöz des Kaliflözes Hessen die Annahme einer derartigen Entstehung widerlegt wurde, zeigte die Diskussion, daß der Gedanke einer weiteren Erörterung wert ist.

G. C. SEDELNIKOW, Moskau: *Über den hydrochemischen Zustand sowie über salzbildende Vorgänge in der Bucht von Kara-Bogas-Gol*

Der Vortrag brachte im wesentlichen neuere Daten über die Bedingungen, unter denen die salzbildenden Prozesse in dieser in statu nascendi befindlichen Lagerstätte ablaufen (Höhe der Verdunstung, Zufluß usw.). Dadurch werden die Angaben der alten Forscher aus den Jahren vor dem Ersten Weltkrieg korrigiert, die sich teilweise noch in den Lehrbüchern finden. So ist z. B. die größte Tiefe des Beckens von 8—10 m auf derzeit 3,5 m zusammengeschrumpft. Ob dieser Aufhöhung des Beckenbodens eine epirogene Absenkung des tieferen Untergrundes entgegensteht und damit die Bildung einer mächtigeren Lagerstätte möglich sein wird, konnte in der Diskussion nicht eindeutig beantwortet werden; die vorstehenden Untersuchungen wurden von Physiko-Chemikern, nicht von Geologen ausgeführt. Es wurde nur erwähnt, daß unter dem jetzigen Boden des Kara-Bogas-Gol alte subrezente Salzabscheidungen bis 130 m Mächtigkeit liegen.

Das Wasser des Beckens wurde in drei Zonen gegliedert:

a) Eine langsam trocken fallende Uferzone mit einzelnen Restseen, in denen Ausscheidung von Carnallit und Epsomit erfolgt. Gelegentlich tritt wieder Überflutung ein.
b) Eine Zentralzone mit Ausscheidung von Steinsalz und Astrakanit.
c) Eine Zone der Mischung des zuströmenden Wassers aus dem Kaspischen Meer mit den bereits konzentrierten Laugen an der verbindenden Meeresstraße gelegen.

Die vorerwähnten physiko-chemischen Daten sollen ausführlich in den Freiberger Forschungsheften veröffentlicht werden.

O. BRAITSCH, Göttingen: *Über den Mineralbestand der wasserunlöslichen Rückstände von Salzen der Staßfurt-Serie aus dem oberen Leinetal*

Der Vortragende gab einen Überblick über die bisherigen Ergebnisse seiner Untersuchung an Lösungsrückständen der Salzgesteine von Königshall-Hindenburg und Bleicherode. Als häufigstes und weitverbreitetes Mineral trat Quarz in meist idiomorphen Kristallen oder auch in Aggregaten auf, daneben Magnesit, Coelestin, Würfel und Tetraeder von Boracit, idiomorpher Kalifeldspat, Turmalin, Zirkon, Brucit, Hämatit, Pyrit und Lepidokrokit (in einer Probe). Die für Löser und Salztone typischen $TiO_2$-Minerale konnten dagegen nicht beobachtet werden, so daß der Redner eine von diesen Salztonen verschiedene Entstehung annehmen möchte. Daneben wurde ein neues Mineral gefunden, das Strontiumborat von der Formel $(Ca, Sr)_2 B_5O_8 (OH)_2 Cl$, dessen Konstanten mitgeteilt wurden, und das Strontiohilgardit genannt wird. Auch die tonigen Rückstände wurden auf ihre Zusammensetzung untersucht, es fanden sich ein dioktaedrischer Kaliglimmer, Chlorit und Talk sowie ein erst seit kurzem bekanntes chloritähnliches Mineral, der Corrensit, in dessen Gitter Chloritschichten und Vermiculitschichten abwechseln. Eigentliche Tonminerale wurden nicht gefunden, ebenso nicht der von KÜHN als vorherrschendes Salz-Tonmineral bezeichnete Koenenit. Der Corrensit ist in den Kalilager-Liegendschichten Hauptmineral und nimmt nach oben hin ab, der Pyrit wird im Hangenden von Hämatit abgelöst. Ein größerer Unterschied zwischen den verschiedenen Faziestypen scheint nicht vorhanden zu sein, nur der Hämatit kann in der Vertaubung durch Rubinglimmer ersetzt sein. Aus dieser Mineralparagenese wurden einige interessante Schlußfolgerungen gezogen; der Brucit- und Magnesitgehalt verlangt basische Ausscheidungsbedingungen, die idiomorphe

Form der meisten Bestandteile und das Fehlen der eigentlichen Schwerminerale deutet auf Neubildungen und gegen eine klastische Herkunft des Rückstandes. Der Eisengehalt der Salzgesteine sitzt nicht allein im Hämatit, sondern daneben auch im Chlorit, Magnesit, Eisenborazit und Pyrit. Häufige Umwandlungserscheinungen an den unlöslichen Mineralien machen ein Vorhandensein von primären löslichen Mineralien unwahrscheinlich. Die Ergebnisse dieser Untersuchungen verdienen bei der Diskussion der Lagerstättengenese und bei geochemischen Erörterungen stärkste Beachtung.

G. SCHULZE, Halle: *Beitrag zur Stratigraphie und Genese der Steinsalzserien 1—4 des mitteldeutschen Zechsteins, unter besonderer Berücksichtigung der Bromverteilung*

Der Redner berichtete über seine Untersuchungen des Brom-Chlor-Verhältnisses in den zechsteinzeitlichen Steinsalz-Ablagerungen Mitteldeutschlands. Ziel der Arbeiten war: Unterscheidungsmerkmale für die äußerlich oft recht ähnlich aussehenden Salzgesteine verschiedenen Alters zu finden, deren stratigraphische Stellung unbekannt ist.

Der Bromgehalt des Werra-Steinsalzes in dem untersuchten Gebiet vom Oberen Allertal bis zur Sangerhäuser Mulde ist relativ gering. Bei den jeweils vorliegenden geringen Mächtigkeiten des Steinsalzes von 8—10 m läßt sich keine klar erkennbare Kurve für die Bromgehalte konstruieren. Der Vortragende äußerte die Meinung, daß das Werra-Steinsalz in dem untersuchten Gebiet weitgehend durch Anhydrit vertreten sei.

Der Bromgehalt des Staßfurt-Steinsalzes lieferte die klassische Kurve, die den Ausgangspunkt für die weiteren Untersuchungen bildete. Die Kurve des Brom-Chlor-Verhältnisses zeigt über große Mächtigkeiten des Älteren Steinsalzes nur einen schwachen Anstieg. Erst wenige Meter unterhalb des Kaliflözes Staßfurt nimmt der Bromgehalt sehr stark zu, so daß die Kurve einen rasch aufwärts strebenden Ast bekommt. Der Redner konnte ebenso wie Dr. JUNG, nur auf anderem Wege, nachweisen, daß das Kaliflöz Staßfurt teilweise durch den Sangerhäuser Anhydrit vertreten wird.

In den verschiedenen Aufschlüssen des mitteldeutschen Raumes beginnt das Jüngere Steinsalz mit verschiedenaltrigen Horizonten. Das macht sich in den Bromkurven in den verschieden hohen Anfangswerten bemerkbar, d. h., an den einzelnen Punkten des Abscheidungsbeckens war der Bromgehalt bei dem ungleichzeitigen Einsetzen der Salzsedimentation bereits verschieden hoch konzentriert. Aus dieser Tatsache sowie aus der möglichen faziellen Vertretung des Flözes Staßfurt schloß der Redner auf Reliefunterschiede und, damit verbunden, epirogene Bewegungen des Beckenbodens.

Direkt über dem Hauptanhydrit zeigen die Kurven recht hohe Bromgehalte, die aber sehr schnell absinken. Sie werden auf sekundäre Vorgänge zurückgeführt.

Auffällig waren in der Bromverteilungs-Kurve des Jüngeren Steinsalzes zwei Maxima, die mit den Flözen Ronnenberg und Riedel parallelisiert wurden.

Recht wechselnde, aber relativ hohe Bromgehalte wurden an der Grenze Jüngeres Steinsalz — Roter Salzton gefunden. Ebenso war unmittelbar unter und über den Anhydritmitteln der Bromgehalt recht hoch. Aus den Untersuchungen war eindeutig abzuleiten, daß das Jüngere Steinsalz unbedingt primärer Abscheidung entstammen müsse, wohingegen für das Jüngste Steinsalz eine deszendente Entstehung nicht abgelehnt wurde.

In der Diskussion wurde recht lebhaft über das Für und Wider epirogener Bewegungen und der „Jahresringe" diskutiert, wobei mehrere Sprecher sich für die Annahme epirogener Bewegungen und gegen die Jahresschichtung aussprachen.

J. N. LEPESCHKOW, Moskau: *Untersuchungen der Schule* N. S. KURNAKOWS *auf dem Gebiet der physikalisch-chemischen Analyse der natürlichen Salze und Salzsysteme*

Auf Grund von Versuchen wies der Redner nach, daß sich die Reihenfolge der Plastizität der Salzgesteine umkehrt, wenn die Versuchsbedingungen etwas, den natürlichen Verhältnissen mehr entsprechend, geändert werden.

Den bisherigen Erfahrungen zufolge ist nach Versuchen im Metallzylinder der Carnallit das plastischste Salzgestein, der Anhydrit das sprödeste. Nach Ansicht des Redners ist das Deckgebirge und Nebengestein nicht mit einem Metallzylinder zu vergleichen. Vielmehr bildet in der Natur weitgehend das Steinsalz das Nebengestein für Anhydrit und Carnallit. Eine Reihe Salzgesteine wurden daher im körnigen Ausgangszustand durch Zylinder gepreßt, deren Innenwand mit einer Schicht Steinsalz (geschmolzen aufgetragen) ausgekleidet war. Das Ergebnis war verblüffend; der Anhydrit war das plastischste, fließende Material, während der Carnallit am sprödesten reagierte.

In der Diskussion kam zum Ausdruck, daß die Erscheinungen des Gips- und Anhydrithutes sowie das Vorkommen der Hutsalze, die Anreicherung von sekundären Salzen an Salzstockflanken und Salzstocktop, wie das vom Verfasser abgeleitet worden war, nicht auf diese überraschenden Plastizitätsverhältnisse zurückzuführen sein können. Auch an der Vergleichbarkeit der Versuchsbedingungen mit den Verhältnissen in der Natur wurde in der Diskussion gezweifelt. Die Verwendung von Anhydrit in Körnerform erklärt die festgestellten außergewöhnlichen Ergebnisse, darf aber mit dem Verhalten von Anhydrit-Schichtenfolgen bei tektonischen Vorgängen nicht verglichen werden.

F. SEROWY, Berlin: *Spezielle Probleme der Mineralsalzforschung und -verwertung*

Der Vortragende gab einen Überblick der in der von ihm geleiteten Arbeitsstelle durchgeführten Arbeiten und deren praktische Ergebnisse. Dann kam er auf das für unsere Kaliindustrie enorm wichtige Problem der Carnallitverarbeitung ohne Endlaugenabstoß zu sprechen. Es wurden verschiedene Möglichkeiten untersucht und erörtert, die Umsetzung und Verarbeitung von Rohsalzen unter Ausnutzung von Festkörperreaktionen, die Extraktion von $MgCl_2$ aus Carnallit mittels aliphatischer Alkohole, die Nutzbarmachung von Ionenaustauscher-Effekten in konzentrierten, elektrolysierten Laugen und die thermische Zersetzung und Trennung der Rohsalze. Die ersten drei Verfahren sind für die technische Praxis nur wenig geeignet, v. a. wegen der schwierigen Trennung der entstandenen Produkte und aus wirtschaftlichen Erwägungen. Dagegen konnte für die thermische Zersetzung und Aufbereitung ein neues Verfahren angegeben werden. Es beruht auf dem verschiedenen Verhalten von Carnallit, Steinsalz und Sylvin (Kieserit) in salzsauren Lösungen bei verschiedenen Temperaturen und Konzentrationen. Bei günstiger Wahl der Bedingungen läßt sich eine fraktionierte Kristallisation der betr. Salze erreichen, während die Beimengungen, v. a. der Kieserit, im Rückstand verbleiben. Der große Vorteil dieses Verfahrens gegenüber den bisherigen ist der Anfall des $MgCl_2$ als fester Bischofit, so daß keine Endlaugen anfallen und evtl. gleich eine $MgCl_2$-Spaltungsanlage angeschlossen werden kann. Das Verfahren dürfte auch wirtschaftlich günstig arbeiten, da Salzsäure- und Laugenverluste nicht auftreten. Die Salzsäure wird mit Luft ausgetrieben, in einer $MgCl_2$-Lauge zurückgewonnen und dem Prozeß wieder zugeführt. Nachdem nun die Laboratoriumsversuche zu einem so günstigen Ergebnis geführt haben, kommt es darauf an, die Versuche in größerem Maßstab fortzuführen und für die Praxis nutzbar zu machen. — In der anschließenden Diskussion gaben Mitarbeiter der Kaliforschungsstelle Sondershausen das Versprechen, möglichst bald eine halbtechnische Anlage zu errichten und das neue Verfahren unter den Bedingungen der Praxis zu erproben.

N. S. SPIRO, Moskau: *Über Möglichkeiten zur Erforschung von Änderungen in der Zusammensetzung des Weltmeeres*

Der Redner folgerte, daß nach Orogenesen und folgender verstärkter Einebnung infolge der reichlichen Verwitterung kaliumhaltiger Minerale (Feldspäte) der K-Gehalt des Meerwassers größer und damit auch der Gehalt der Sedimente an adsorptiv gebundenem Kalium höher sein müsse als in Perioden der Fast-Einebnung. Daraufhin wurden tonige Gesteine verschiedenen Alters untersucht, sie zeigten für verschiedene Formationen verschiedene K-Gehalte und lassen so Rückschlüsse auf die klimatischen Verhältnisse und die Konzentration des Meer- und Süßwassers zu. Es zeigte sich, daß der K-Gehalt permischer Tongesteine viel höher ist als in der Trias und auch im Jura weiter absinkt. Im Quartär ist er doppelt so hoch als im Perm. Mit dieser Methode lassen sich also im großen die vorherrschenden Klimaverhältnisse ableiten. Das Kambrium ist eine Zeit der Humidität, Silur bis Perm sind Formationen vorherrschender Aridität, während das Mesozoikum wieder überwiegend humid ist. Angewandt auf das Vorkommen von Kalisalzlagerstätten finden die Annahmen des Redners ihre Bestätigung in der Tatsache, daß z. B. im Jura, einer Zeit kaliarmer Tongesteine auch keine nennenswerten Kalisalzlagerstätten bekannt geworden sind. Ebenso können auch im mitteldeutschen Röt unter den obenstehenden Voraussetzungen kaum Kalisalzanreicherungen erwartet werden.

# Lesesteine

### Die Ölhaie

Der Kampf, den die Imperialisten um die Erdölfelder des Nahen Ostens führen, nimmt allgemeines Interesse für sich in Anspruch. Im folgenden sei daher eine Aufstellung über die verschiedenen kapitalistischen Gesellschaften, die Konzessionen zur Ausbeutung arabischer Erdölfelder haben, gegeben.

KUWEIT, Konzessionär: Kuwait Oil Co. Eigentümer: British Petroleum Co. und Gulf Oil Co. (Rockefeller), Produktion 1957: 57 Millionen Tonnen.

SAUDI-ARABIEN, Konzessionär: Aramco (Arabian-American Oil Co.). Eigentümer: Standard Oil of California, Standard Oil (New Jersey), Texas Oil Co. je 30%; Socony Mobil (Standard Oil Co. of New York) 10% (sämtlich Rockefeller), Produktion 1957: 48 Millionen Tonnen.

IRAK, Konzessionär: Iraq Petroleum Co. mit Tochtergesellschaften Basrah Petroleum und Mosul Petroleum. Eigentümer (zu 95%): British Petroleum, Royal Dutsch Shell (an der die BP wiederum einen Anteil von 40% hat), Compagnie Française des Petroles, Near East Development Corporation (letztere ihrerseits Eigentum der Standard Oil [New Jersey] und der Socony Mobil, also zweier Rockefeller-Gesellschaften) — je 23,5%. Produktion 1956 (vor Suez): 31 Millionen Tonnen.

QATAR, Konzessionär: Petroleum Development (Qatar) Co., Tochtergesellschaft der Iraq Petroleum. Produktion 1956: 6 Millionen Tonnen.

IRAN, Ölfelder und Ausrüstungen seit 1951 Eigentum der persischen Regierung (National Iranian Oil Co., NIOC.) Ausbeute seit 1954 durch ein „Konsortium". Eigentümer acht internationale Monopole und neun kleinere amerikanische Gesellschaften, 40% Anteil der British Petroleum als Nachfolgerin der Anglo-Iranian. — Seit 1957 Konzessionär in Südpersien: Pan American Petroleum Co., Eigentümer: Standard Oil of Indiana. — 1957 wurde ferner von der NIOC und der italienischen staatlichen Ölgesellschaft ENI-AGIP eine neue Gesellschaft gebildet, die ebenfalls in Südpersien operiert. Produktion 1957 insgesamt: 35 Millonen Tonnen.

BAHREIN, Konzessionär: Bahrein Petroleum Co., Eigentümer: Standard Oil of California und Texas Co., beide Rockefeller. Produktion 1956: 1,5 Millionen Tonnen.

Neutrale Zone, Kozessionär: Getty Oil Co., Eigentümer: J. P. Getty, ein USA-Multimillionär. Weiterer Konzessionär: American Independent Oil Co., Eigentümer: zehn USA-Gesellschaften. Seit 1957 Konzession auch an japanische Gesellschaften. Produktion 1956: 1,7 Millionen Tonnen.

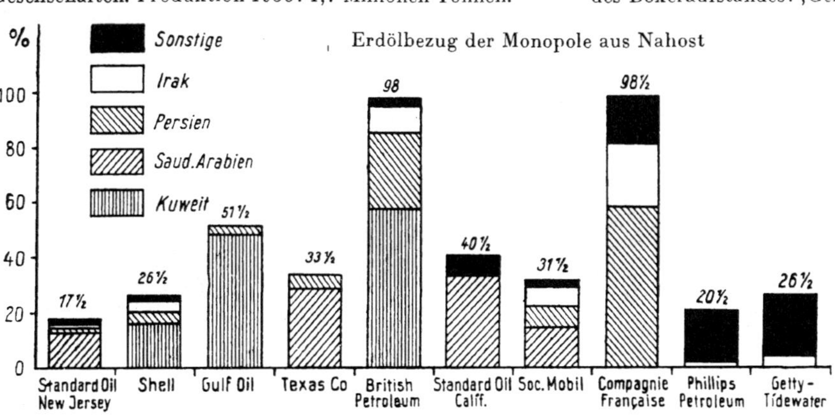


Die Abbildung zeigt den prozentualen Anteil, den das arabische Erdöl an der Gesamtförderung jedes Konzerns einnahm.

### Im Namen des Allmächtigen

Bekanntlich hatte sich im Padanger Erdölrevier auf Sumatra eine Rebellenregierung gegen das fortschrittliche Kabinett des Ministerpräsidenten Dr. SUKARNO gebildet. Ihr militärischer Leiter — Oberst HUSSEIN — wandte sich mit einem Aufruf an alle Indonesier, in dem er sie „im Namen des Allmächtigen" aufforderte, die Indonesische Zentralregierung zu stürzen. Allmächtig ist in diesem Teil Sumatras die amerikanische Caltex Pacific Oil Co., und in ihrem Namen verfaßte der aufrührerische Oberst seinen Aufruf.

Es stammen nämlich drei Viertel des von Indonesien exportierten Erdöls aus den Erdölfeldern Sumatras. Zur Raffinierung werden sie nach Java in das Gebiet der Zentralregierung transportiert. HUSSEIN und die Caltex wollten diese Rohölsendungen sperren und das Erdöl direkt von Sumatra aus exportieren. Trotz des Anrufens des Allmächtigen siegten die Regierungstruppen, und ein großer Teil der amerikanischen Angestellten der Caltex Co. mußten nach Singapur fliehen. Auf den Erdölfeldern beschäftigte die Caltex vor dem Putsch 150 Amerikaner und gegen 4000 Indonesier.

Überall in der Welt, in Venezuela, im Libanon, in Algerien usw., steht im Hintergrund der imperialistischen Kämpfe das Erdöl, und keine noch so hochtrabenden Phrasen können über die brutalen Kampfmethoden der Erdölkonzerne hinwegtäuschen. E.

### Deutsche Bohrkumpel in Algerien

„Bergbau und Wirtschaft" Heft 5/1958, S. 236, teilt in einem Aufsatz „Wer holt für wen in der französischen Sahara die Kastanien aus dem Feuer?" u. a. mit:

„Die französischen Gesellschaften haben z. T. begonnen, deutsche Bohrunternehmer mit der Niederbringung von Lohnbohrungen zu beauftragen. Nach Angaben von 'Le Courrier des Pètroles' (Supplément Mars 1958, Nr. 1276) hat die Deutsche Schachtbau- und Tiefbohrgesellschaft mit einem Bohrgerät Wirth KH 15 die Niederbringung der Tilrhemt Nr. 1 (TrA) begonnen. Ganz nüchtern ausgedrückt bedeutet dies, daß ein nicht unwesentlicher Teil des Saharaöls zum Vorteil der französisch-amerikanisch-englisch-holländischen Unternehmungen unter der Leitung französischer Techniker durch die Arbeit deutscher Bohrkumpels erschlossen werden soll.

Die IG Bergbau hat bereits mehrfach zum Ausdruck gebracht, daß die Erdölbohrstellen in Algerien Frontabschnitten gleichen. Nach Bekanntwerden des Einsatzes deutscher Erdölarbeiter in der Sahara erinnert man sich an den berüchtigten Befehl des englischen Kommandierenden während des Boxeraufstandes: ‚Germans to the front!'

Die amerikanischen, englischen und englisch-holländischen Erdölgesellschaften selbst wissen ihrerseits offensichtlich sehr genau, welche Folgen rechtlicher Art der Einsatz von Arbeitnehmern in einem kriegführenden Land nach sich ziehen kann. Aus diesem Grunde scheuen sie die Durchführung von Schürfarbeiten in Algerien in eigener Regie. Außerdem dürfte ihnen auch das wirtschaftliche Risiko zu groß sein.

In diesem Zusammenhang sei daran erinnert, daß die amerikanische Caltex sämtliche Arbeitnehmer aus den gefährdeten Ölfeldern auf Sumatra evakuieren ließ. Ähnliche Maßnahmen trafen andere Gesellschaften während der Suezkrise.

# Besprechungen und Referate

Bogdanoff, A.

**Die Hauptelemente der Tektonik der UdSSR**

Revue de Geographie Physique et de Geologie Dynamique, Juillet-Sept. 1957, Vol. 1 Fasc. 3, S. 134—165

Der Autor hatte zwei wissenschaftliche Vorträge über die Tektonik der UdSSR in Paris vor der Faculté des Sciences gehalten. Der obige Beitrag faßt den Hauptinhalt der Vorträge zusammen. Der Verfasser gibt eine gedrängte Übersicht über die wichtigsten tektonischen Einheiten der SU. Es werden die großen Strukturelemente behandelt: Die russische Tafel, die sibirische Tafel, die paläozoischen Faltungsgebiete, die alpinen Faltungsgürtel im Süden und die mesozoischen Faltungsgebiete im Osten der UdSSR. Zu jeder dieser großtektonischen Einheiten werden viele bemerkenswerte Einzelheiten mitgeteilt. Als Beispiel der zahlreichen instruktiven Abbildungen bringen wir das O/W-Profil des südlichen Teils von Westsibirien (s. u.).

Dem Aufsatz ist ein Literaturverzeichnis von ca. 80 Positionen der jüngsten sowjetischen Veröffentlichungen (in französischer Übersetzung) beigegeben. Infolgedessen eignet es sich besonders zur schnellen Orientierung über die grundlegenden Züge des großtektonischen Aufbaues der SU.

---

O/W-Profil durch den Süden Westsibiriens nach N. N. Rostowtsew, 1956

1. Quartär
2. Quartär + Neogen
3. Miozän + Oberes Oligozän
4. Unteres Oligozän
5. Eozän + Paläozän + Dan
6. Maastrich + Campan
7. Santon + Coniac + Turon
8. Unteres Turon
9. Unteres Turon + Cenoman + Alb
10. Alb + Apt?
11. Apt? + Barréme + Hauterive
12. Valendis
13. Valendis + Oberer Jura
14. Oberer Jura
15. Rote fossilleere Formation des Mittleren Jura
16. Buntscheckige Tufformation des Mittleren Jura mit Radiolarien
17. Kohlenlager des Mittleren Jura
18. Gering gestörte Ablagerungen des Unteren Jura
19. Effusivgesteine und Kohlenlager des Unteren Jura
20. Rhät und Lias
21. Sedimentäre + vulkanische Permo-Trias
22. Mittleres und Oberes Paläozoikum
23. Sedimentäre metamorphe Schichten, gefaltet wahrscheinlich während des Mittleren Paläozoikums
24. Gefaltetes vulkano-sedimentäres Metamorphikum des Mittleren Paläozoikums
25. Stark metamorphosierte Schichten des Unteren Paläozoikums
26. Kristallin
27. Unbekannt
28. Mutmaßliche tektonische Linien.

Bemerkung zur Fazies: Alle Formationen, die jünger als Mittlerer Jura (15) sind, bestehen bis einschließlich Quartär aus kontinentalen sandig-tonigen Ablagerungen.

Krutzsch, W. & D. Lotsch, 1957

**Neuartige paläogeographische Karten des Tertiärs**

Vom tieferen Paläozän (Mons und Seelandien) bis einschließlich zum Miozän (Unter- und z. T. Mittelmiozän) haben die Verfasser in 9 Farbkarten im ungefähren Maßstab von 1:5000000 einzelne paläogeographische Situationen festgehalten. Durch eine neue Art der Darstellung werden die jeweiligen marinen und terrestrischen Ablagerungen mit ihren Liefergebieten in enge Beziehungen gebracht. Letztere sind in leuchtenderen Farben dargestellt und werden zusätzlich durch eine kräftige schwarze Linie umgrenzt. Die Ablagerungsräume der jeweiligen Tertiärstufen werden hingegen ausgespart (terrestrischer Raum) oder in zarten Pastelltönen gebracht (mariner Raum). Kaltwasserzufuhr wird durch blaue, Warmwasserzufuhr durch rotviolette Pfeile gekennzeichnet, Schwellengebiete sind als solche besonders hervorgehoben worden.

Die Karten verknüpfen auf diese Weise das jeweilige Zeitgeschehen eng mit der jeweiligen geologischen Vergangenheit. Sie vermitteln den derzeitigen Wissensstand in einer ansprechenden und äußerst lebendigen Weise.

Die Geologische Gesellschaft in der Deutschen Demokratischen Republik veröffentlicht diese Kartenreihe in Band III, Heft 2/3, 1958 ihrer Geologischen Berichte mit einer ausführlichen Erläuterung. Dieses Heft ist als Sonderheft gedacht. Es bringt alle Vorträge und Diskussionen der Tertiärtagung, die im Juli 1957 von der Geologischen Gesellschaft in der Deutschen Demokratischen Republik im Plenarsaal der Deutschen Akademie der Wissenschaften in Berlin durchgeführt wurde.

Die Kartenreihe ist für alle Geologen, die sich mit Tertiärfragen beschäftigen, für Institute und für Studierende sehr zu empfehlen. Sie kann auch von Nichtmitgliedern zum Selbstkostenpreis von DM 5.00 bei der Vertriebsstelle der Staatlichen Geologischen Kommission in Berlin N 4, Invalidenstraße 44, erworben werden. Genieser

Menchikoff, N.

**Die geologischen Grundzüge der Sahara**

Revue de géographie physique et de la géologie dynamique. 2. vol. 1, fasc 1, Paris 1957 p. 37—45

Der Verfasser veröffentlicht die auf S. 541 wiedergegebene schematische Karte über die geologische Struktur des Saharagebietes.

Menschikoff betont, daß in seiner Skizze nicht alle bereits vorhandenen Erkenntnisse verarbeitet werden konnten, da ein Teil von ihnen durch die Erdölkonzerne geheim gehalten wird.

In großen Zügen ergibt sich, daß die Sahara ein kontinentales Tafelgebiet darstellt, das aus einem metamorphen präkambrischen Sockel besteht, den zahlreiche Granitintrusionen durchsetzen. Es überlagern ihn mehr oder weniger stark gefaltete paläozoische und nur gering gefaltete oder horizontal lagernde mesozoische und känozoische Formationen. Weite Gebiete werden von quartärer Bedeckung und rezenten vulkanischen Massiven eingenommen.

Im Nordwesten der Tafel finden sich Absätze des Unterkambrischen Meeres. Von dort aus dehnten sich später die paläozoischen Sedimente weiter aus, bis sich dann im Mittelkarbon das Meer wieder zurückzog. Die paläozoischen Gesteine lagern also transgressiv und diskordant über dem präkambrischen Sockel. Obwohl sie mitunter recht stark ge-

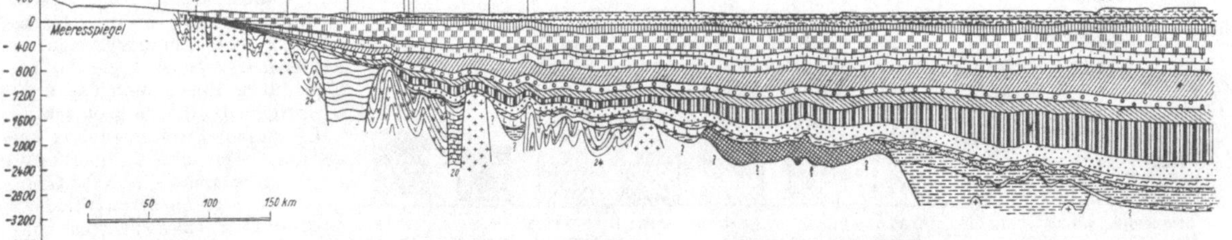

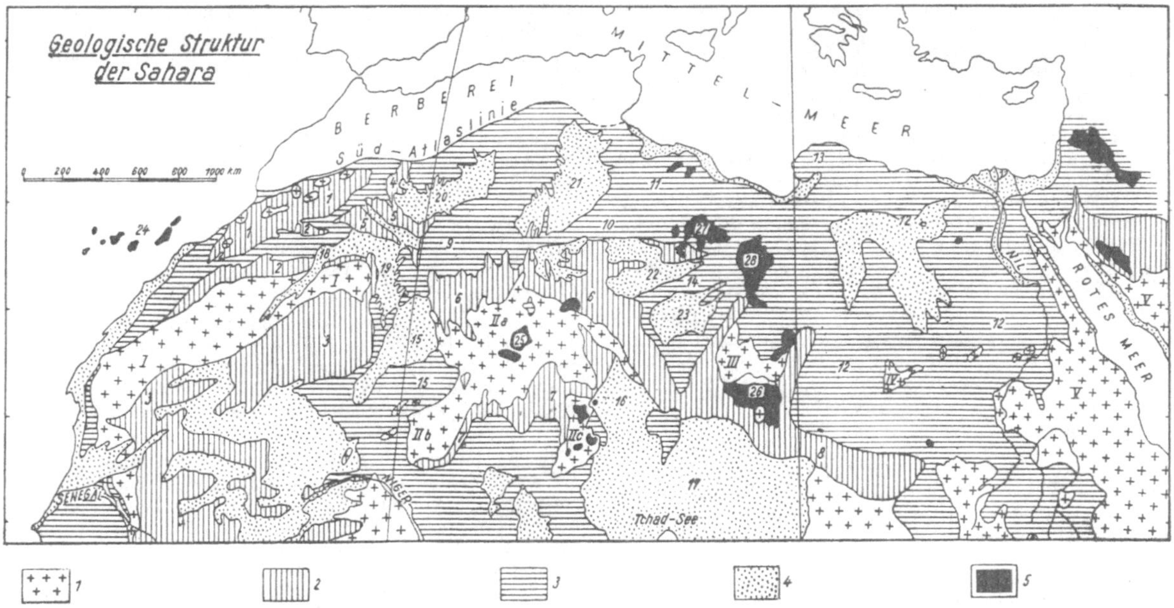


Schematische Karte der geologischen Struktur der Sahara (MENSCHIKOFF, 1957)

1. Präkambrischer Sockel 2. Paläozoikum 3. Mesozoikum und Tertiär 4. Quartär 5. Vulkanische Massive

I. Kristalliner Schild Reguibat
II. Kristalliner Schild Touareg:
a) Ahaggar
b) Adrar des Iforas
c) Aïr
III. Kristalliner Schild Tebbou
IV. Gebiet d'Ouenat
V. Arabo-Nubischer Schild

1. Anti-Atlas
2. Syneclise von Tindouf
3. Syneclise von Taoudenni
4. Becken von Béchar
5. d'Ougarta
6. nördliche Tassilis
7. südliche Tassilis
8. Ennedi
9. Tademaite
10. Tinrhert
11. Hamada el Hamra
12. Libysche Wüste
13. Cyrenaika
14. Fezzan
15. Tanezrouft
16. Ténéré
17. Tschadsee-Becken
18. Iguidi
19. Erg Chech
20. westlicher Großer Erg
21. südlicher Großer Erg
22. Edeyen von Oubari
23. Edeyen von Mourzouk
24. Kanarische Inseln
25. Atakor
26. Tibesti
27. Djebel Soda
28. El Haroudj

faltet sind, weisen sie keine Anzeichen von regionalem Metamorphismus auf. Außerdem fehlen in ihnen ausgedehntere Granitintrusionen. Es besteht eine große Sedimentationslücke zwischen den paläozoischen und mesozoischen Schichten. In der Trias und im Jura fanden im Norden der zentralen Sahara wieder die ersten marinen Einbrüche statt. Die Periode der mächtigen mesozoischen und tertiären Ablagerungen begann jedoch erst mit der Kreide. Die große mittelkretazische Transgression erfolgte auf breiter Front in die nördlichen Teile der zentralen und östlichen Sahara. Ihr folgte während des Tertiärs schrittweise eine Regression in nordöstlicher Richtung.

Seine Erläuterungen zu der Kartenskizze teilt der Verfasser in je einen Abschnitt über die Struktur der Kontinentaltafel, über die historische Geologie und Paläogeographie des Saharagebietes ein. Die Kartenskizze MENSCHIKOFFs, der Direktor der Zentralstelle für Schürfungen in der Sahara ist, stellt einen Fortschritt gegenüber den bisher vorliegenden Kartenwerken dar, nämlich der Karte 1:5 Mill. (Carte géologique internationale de l'Afrique, feuilles 1 et 2, 1939) und 1:2 Mill. (Carte géologique de Nord-Quest de l-Afrique: 4 feuilles publiées par le Comité d'organisation du XIX[e] Congrès Géologique International d'Alger 1952).

BUJALOW, N. J.

**Erdölprobleme in der Deutschen Demokratischen Republik**

Berichte der geologischen Gesellschaft der Deutschen Demokratischen Republik Bd. 3, S. 30—41

Der Verfasser gibt kurzgefaßte, ausgezeichnete Hinweise zur Methodik der Erkundungsarbeiten auf Erdöl und Erdgas in der DDR. Die bisher in Bohrungen und in Gruben festgestellten Öl- und Gasanzeichen besitzen zweifellos praktische Bedeutung und sollten eingehend dokumentiert sowie für die weitere Erkundung ausgewertet werden. Im Norden der DDR sind die jurassischen und kretazischen (vor allem die unterkretazischen) Speicherhorizonte als wichtigste Objekte der Such- und Erkundungsarbeiten zu betrachten.

Der komplizierte Bau der über 110 nachgewiesenen Strukturen fordert von den Erdölgeologen „eine besonders durchdachte und gründliche Analyse aller bisherigen geolo-

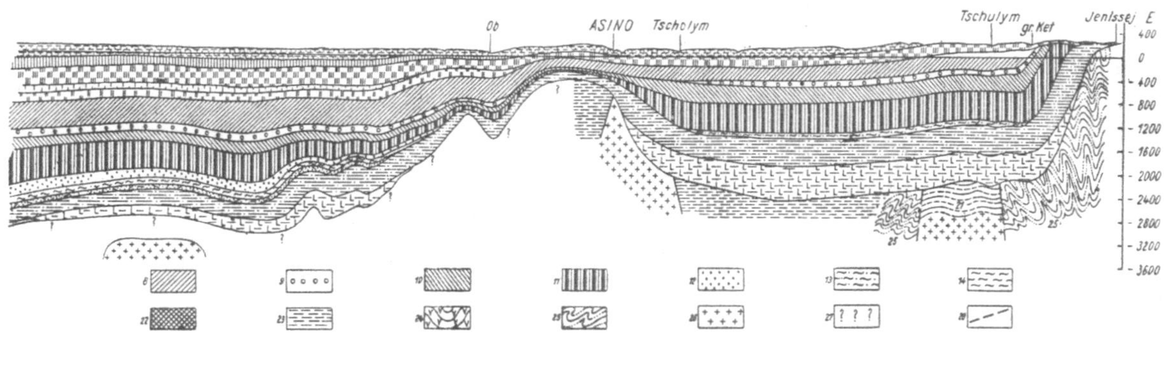

gischen und geophysikalischen Ergebnisse". Bei der Durchführung der Sucharbeiten ist das Hauptaugenmerk auf die Speichergesteine zu lenken. „Leider konzentrierten sich die Erkundungsgeologen auf das Aufsuchen von Erdölmuttergesteinsserien; dies erschwert nicht nur den Prozeß der Such- und Erkundungsarbeiten selbst, sondern führt auch manchmal zu negativen Resultaten". Die Zahl der Aufschlußbohrungen soll erhöht, daneben aber auch Struktur- und Basisbohrungen durchgeführt werden.

Der Wirkungsgrad der Erkundungsbohrungen, der in Westdeutschland niedrig liegt, ergab von 1951—1956 für die UdSSR und die USA, „daß im Durchschnitt auf jede fündig gewordene Aufschlußbohrung folgende Zahl von ergebnislosen Bohrungen (d.h. solchen ohne Öl- und Gasanzeichen) entfällt:

| Stadium | UdSSR | USA |
|---|---|---|
| Vorerkundung | 3 | 7 |
| Abgrenzung | 0,3 | 3 |

In 4 Punkten werden am Schluß der Arbeit die für die Weiterentwicklung der Methodik der Sucharbeiten auf Erdöl und Erdgas wichtigsten Richtlinien thesenhaft zusammengefaßt. Der Aufsatz schließt mit der Forderung:

„Jeder Erdölfachmann in der Deutschen Demokratischen Republik, ob Geologe, Geophysiker oder Bohrtechniker, muß es als seine vornehmste Aufgabe betrachten, an der Schaffung einer eigenen Erdölindustrie in möglichst kurzer Zeit tatkräftig mitzuwirken."

BATJES, D. A. J.

**Foraminifera of the Oligocene of Belgium**

Dissertation Utrecht 1956

In dem uns vorliegenden holländischen Auszug seiner Arbeit gibt BATJES einen Überblick über die wichtigsten Foraminiferen der verschiedenen Oligozänschichten Belgiens. Er kommt zu dem Schluß, daß die Sande von Grimmertingen und Neerepen, also das Untere Tongrien, auch auf Grund der Foraminiferenfauna mit den Ablagerungen von Latdorf altersgleich sind. Nach einem Vergleich der Foraminiferen- und Ostrakoden-Gemeinschaften sowie der lithofaziellen Beschaffenheit der Sande von Assche mit denen von Grimmertingen, Neerepen usw. ist — wie der Verfasser schreibt — die Wahrscheinlichkeit größer, daß beide Ablagerungen gleich alt sind, also daß die Unter-Tongrien-Schichten im Osten jünger sind, als der Sand von Assche im westlichen Belgien. Weiterhin sollen die Ober-Tongrien-Schichten Ostbelgiens ebenso alt sein wie der bisher oft als Unter-Tongrien gedeutete untere Teil des fossilleeren Sandes zwischen dem Sand von Assche und dem Ton von Boom (Rupelton) im westlichen Belgien. Daneben werden die Sande von Berg, die allgemein als unteres Rupel gedeutet werden, hinsichtlich ihrer Mikrofauna mit der der Ober-Tongrien-Schichten verglichen. Aus allem ergibt sich, daß der Wert des Tongrien als Stufe sehr gering ist. Da die Schichten von Assche meistens mit den Barton-Schichten korreliert worden sind, also mit typischen Ablagerungen des Obereozäns, wird die Grenzziehung Eozän-Oligozän sehr schwierig. BATJES fordert zur Klärung dieser Zusammenhänge gründliche Untersuchungen der Latdorf-Ablagerungen Deutschlands.

Die Untersuchung der Foraminiferen-Fauna der Tongrien-, Rupel- und Chatt-Ablagerungen sowie geologische Überlegungen führen den Autor weiterhin zu dem Schluß, daß auch die bisherige Lokalstratigraphie des mittleren und oberen Oligozäns in Belgien stark revisionsbedürftig ist.

KRUTZSCH & LOTSCH

**Sowjetische Nichteisenmetalle auf dem kapitalistischen Weltmarkt**

„The Financel Times", London, 11. 3. 58

Das Londoner Blatt weist darauf hin, daß in der Sowjetunion größere Mengen an Buntmetallen für Exportzwecke zur Verfügung stehen. Dies sei darauf zurückzuführen, daß sich die Art der Verteidigung geändert habe. „Die neueren Waffen sind zwar immer noch sehr kostspielig, aber zu ihrer Herstellung werden nicht mehr die riesigen Mengen an Stahl und an Nichteisenmetallen benötigt, wie das bei dem Bau von zehntausenden von Panzern und Bombenflugzeugen der Fall war." Man „fürchtet" auf den Metallmärkten in Europa und den USA besonders den zunehmenden Export von sowjetischen Nichteisenmetallen. Auf dem kapitalistischen Weltmarkt war Ende 1957 das Angebot für Zinn bereits stärker als die Nachfrage. In den 11 Monaten von Januar bis Dezember 1957 führte Großbritannien 2209 t Zinn aus der Sowjetunion ein gegenüber nur 316 t im Jahre 1956. Westdeutschland führte im gleichen Zeitraum 526 t gegenüber 20 t im Jahre 1956 aus der SU ein. Bereits 1957 konnte die Sowjetunion 18% der britischen Einfuhr an Zink decken. Außerdem ist die Sowjetunion hinter Kanada an die zweite Stelle der britischen Aluminium-Lieferanten aufgerückt. Wie „The Financel Times" bemerkt, hat „das Auftauchen von sowjetischen Nichteisenmetallen auf dem Weltmarkt überall beträchtliches Erstaunen hervorgerufen".

In den letzten 2 Jahren ist die Gewinnung von Nichteisenmetallen in der Sowjetunion jährlich um etwa 10% gestiegen. „The Financel Times" schätzt die sowjetische Zinkproduktion für 1949 auf etwa 10000 t, für 1953 auf 12 bis 15000 t und nimmt für 1960 „mindestens 25000 t, vielleicht aber sogar bis 50000 t" an.

Die Sowjetunion befindet sich bei vielen Buntmetallen im Vorteil, da dort noch die Möglichkeit der Entdeckung von neuen großen Vorkommen besteht, wohingegen das gleiche in den USA nur noch in Alaska der Fall sein könnte. „Es gibt in der SU große Gebiete, deren geologischer Charakter dafür spricht, daß sie reiche Mineralvorkommen haben, die aber noch kaum untersucht worden sind. Dieses ist vor allem in Kasachstan, Sibirien und im fernen Osten der Fall. Man kann z. B. fast sicher damit rechnen, daß in Nord-Sibirien Entdeckungen von mineralhaltigen Schichten gemacht werden, die das gleiche große Ausmaß haben werden, wie die neuesten Entdeckungen in den geologisch gleichartigen Gebieten Kanadas. Der Hauptgrund für die Abänderung des 6. Fünfjahrplanes sollen die Entdeckungen von enormen Mineralvorkommen gewesen sein. Der sowjetische Minister für Geologie erklärte im Januar d. Js., das Ergebnis der Forschungen, die im Jahre 1957 durchgeführt wurden, stellte Rußland an den ersten Platz in der Welt in bezug auf Reserven an Nickel, Blei, Kupfer und Bauxit. Zwar ist die Nutzbarmachung dieser Erdschätze in den abgelegenen Gebieten sehr schwierig; aber es steht fest, daß große Reserven vorhanden sind, daß noch mehr entdeckt werden und daß sie schließlich auch abgebaut werden. Diese Tatsache wird in der Zukunft einen beträchtlichen Einfluß auf die Gestaltung des Rohmaterial-Weltmarktes ausüben."

E.

**Die mineralischen Rohstoffvorkommen Malayas**

Der Zeitschrift „Gummi und Asbest", Jahrgang 11, 6/58, S. 343 entnehmen wir:

„Malaya kennt eine Reihe von Erzvorkommen. Aber erst ein Fünftel des Gebietes ist wirklich mit wissenschaftlichen Mitteln der modernen Geologie durchforscht worden, so daß man noch nicht einmal Schätzungen vorlegen kann. An mineralischen Rohstoffvorkommen sind vor allem vier Produkte zu nennen: Zinn, Kohle, Eisen und Bauxit. Daneben sind geringere Erzbestände an Kupfer, Blei, Zink und anderen Buntmetallen bekannt, die heute noch von untergeordneter wirtschaftlicher Bedeutung sind. Zinnvorkommen werden in neun von den elf größeren politischen Bezirken der Föderation nachgewiesen. Der bedeutendste Förderbezirk ist das Kinta-Feld in Perak. Der Metallgehalt der Zinnerze ist relativ hoch, verglichen mit anderen Vorkommen auf der Welt. Wie unsicher der Überblick über die noch in der malaiischen Erde befindlichen Vorräte ist, mag aus der Tatsache ersehen werden, daß die Schätzungen der Fachleute zwischen einer Menge von 750000 Tonnen und 2 Millionen Tonnen Zinn wechseln. Die Eisenerzvorkommen, vor allem in den Küstenstrichen der Oststaaten, zeichnen sich ebenfalls durch hohen Metallgehalt (etwa 60%) aus. Man schätzt die noch nicht abgebauten Mengen auf rd. 45 Mio t Metall. Bauxit kommt in weit ausgedehnten Lagerstätten vor; aber der hohe Silikatgehalt mindert die Wirtschaftlichkeit der Gewinnung. Manganerze mit geringerem Metallanteil werden im Nordosten abgebaut. Vor dem zweiten Weltkrieg bezog Japan hier seinen Bedarf.

Malaya ist verhältnismäßig arm an Energie und Rohstoffen, die der Energie-Erzeugung dienen. Erdöl und Erdgas kommen nach den bisherigen Untersuchungen nicht im Boden vor. Wasserkräfte sind kaum ausgenutzt. Lediglich eine Anlage von 27000 kW Kapazität steht in Betrieb."

E.

# Nachrichten und Informationen

**Afrikanisch-asiatische Wirtschaftskonferenz**

Eine afrikanisch-asiatische Wirtschaftskonferenz soll vom 8. 12. bis 11. 12. 1958 in Kairo stattfinden. Auf der Tagesordnung stehen Vorschläge über eine engere wirtschaftliche Zusammenarbeit zwischen den arabischen und anderen afrikanisch-asiatischen Ländern sowie ein Plan für die Bildung und Einrichtung eines ständigen Ausschusses zur Koordinierung der Wirtschaftspolitik der einzelnen afrikanischen und asiatischen Länder. Der geplante Ausschuß soll hauptsächlich den Abschluß von langfristigen Handels- und Zahlungsabkommen zwischen den afrikanisch-asiatischen Ländern fördern. Die Einladung zur Teilnahme an der Konferenz geht von dem Verband der ägyptischen Handels-, Industrie- und Landwirtschaftskammern aus. Sie ist an alle Handels-, Industrie- und Landwirtschaftskammern sowie an alle Wirtschaftsverbände der an der Bandungkonferenz beteiligten Länder gerichtet. E.

**Chinas Rohölpotential**

Mindestens ein Drittel der gewaltigen Bodenfläche Chinas entfällt auf Sedimentformationen, in denen die geologischen Voraussetzungen für Ölvorkommen gegeben sind. In den vergangenen vier Jahren haben die Entdeckungen besonders in den nordwestlichen Gebieten gezeigt, daß man die nachgewiesenen Rohölreserven Chinas schon heute auf über 200 Mill. t veranschlagen kann. 1950 wurden sie nur auf 3 bis 4 Mill. t geschätzt. Die wahrscheinlichen Reserven betragen möglicherweise 1,7 Mrd. t. Im Gegensatz zu diesen reichen Möglichkeiten ist die Förderung bescheiden (1957 knapp 1,5 Mill. t einschl. Schieferöle). Sie deckt nur etwa ein Drittel des scharf rationierten Verbrauchs. Das nächste Planziel sind 25 Mill. t.

Der Ausbau der Erdölindustrie Chinas erfolgt mit Hilfe der sozialistischen Länder. Ausrüstungen liefern die Sowjetunion, Rumänien, die DDR, die CSR, Ungarn und Polen. Am 1. Mai wurde mit dem Bau der ersten chinesischen Erdölleitung von 147 km Länge begonnen. E.

**Petrochemie im Iran**

Der italienische Konzern Montecatini hat mit einer New Yorker Gesellschaft ein Abkommen geschlossen, demzufolge Montecatini der US-Gesellschaft technische Hilfe bei der Errichtung des ersten petrochemischen Werkes nördlich des persischen Golfes leisten wird, welches das iranische Erdöl und Erdgas als Ausgangspunkt verwenden soll. Das geplante Kunststoffwerk wird die überaus umfangreichen Erdgasresourcen zum ersten Male für Produktionszwecke ausnutzen. Während der letzten 50 Jahre wurde das Erdgas abgefackelt. Das Kunststoffwerk soll Anfang 1961 fertiggestellt sein und jährlich 9 Mill. lbs Polyvinylchlorid erzeugen. E.

**Nigerisches Erdöl**

Bei Soku im Niger-Delta, südöstlich von Oloibiri, wurde eine über 3000 m tiefe Aufschlußbohrung ölfündig. Über die Ergiebigkeit ist nichts Näheres bekannt geworden. Gegenwärtig fördern in Nigeria 4 Bohrungen im Feld Oloibiri und 3 im Feld Afam angeblich jede über 100 t pro Tag. Der Abtransport des Rohöls erfolgt über den Hafen Port Harcourt. Der erste Hochseetanker mit Rohöl aus Nigeria wurde im Februar 1958 abgefertigt. Damit haben die Aufschlußarbeiten nach 21jähriger Dauer ihren ersten praktischen Erfolg erzielt. In die Aufschlußarbeiten waren 75 Mio $ investiert worden, für 1958 sind Investitionen in Höhe von 28 Mio $ vorgesehen. E.

**Erdölbohrungen in Südafrika**

In Johannesburg wurde im Juli eine neue Gesellschaft gegründet (South African Natural Oil Exploration Company, Ltd.), die sich zum Ziel gesetzt hat, in der Südafrikanischen Union Erdölbohrungen durchzuführen. Auf Grund der bisher festgestellten Strukturen sollen die Bohrungen zunächst bei Hobhouse, Wepener, Ladybrand und Clocolan aufgenommen werden. E.

**Die Lignitvorräte Frankreichs**

Im Februarheft (1958) der Zeitschrift „Braunkohle, Wärme und Energie" erschien ein Artikel über die „Lignitvorräte" Frankreichs. In ihm wird jedoch nur die als „Lignit" bezeichnete höherwertige Braunkohle, also nicht die im südwestlichen Teil Frankreichs in der Gegend von Hostens anstehende Weichbraunkohle behandelt.

Durch das Suez-Abenteuer im Herbst 1956 verlor Frankreich zeitweilig 93% der Basis seines Ölverbrauchs. Dies entspricht 23% des französischen Gesamt-Energieverbrauches. Eine erhöhte Gewinnung der bisher nur wenig beachteten „Lignitvorräte" könnte den Import um 18 Mill t/Jahr Steinkohle vermindern. Die Steigerung der „Lignitförderung" würde auch den Aufbau einer chemischen Industrie mit zahlreichen dringend benötigten Produkten und Nebenprodukten gestatten.

Die französischen „Lignitvorkommen" nehmen in 30 Departements eine Fläche von 121 400 ha ein und entstammen allen Formationen vom Jura aufwärts. Sichere Vorräte sind 10 Mrd. t, wahrscheinliche wesentlich mehr vorhanden. Als bedeutendste Lagerstätte gilt das Fuveau-Becken in der weiteren Umgebung von Marsaille. Die dortige als jurassisch anzusehende Kohle kommt der Steinkohle nahe und enthält 8—9% Wasser, 37—42% flüchtige Bestandteile und 8—25% Asche. Ihr Heizwert schwankt zwischen 5.500 u. 6.200 cal. Sie ist an Stelle von Anthrazit und Koks für Öfen und Hausbrand mit kontinuierlichem Betrieb geeignet und fällt als Nußkohle an. Verwendung findet sie in der Steingut- und keramischen Industrie sowie in Zement-Drehöfen. Die vier bis zu 9 m mächtigen Flöze sind durch vier 365—457 m tiefe Schächte erschlossen.

Infolge der Mächtigkeit und gleichmäßigen Lagerung konnte der Abbau durch Kohlenschneidemaschinen, Elektrifizierung und größere und schnellere Lokomotiven weitgehend mechanisiert werden. Die aschereiche Kohle wird in einem werkseigenen Kraftwerk, das an das Landesnetz angeschlossen ist, zur Stromerzeugung verwendet. Infolge des Gasreichtums der Kohle ist ein in der Nähe der Grube zu errichtendes Gaswerk geplant.

Trotz günstiger Verhältnisse blieb die Förderung aus dem Fuveau-Becken seit 1946 fast gleich. Die große Entfernung zum Pariser Raum als Hauptverbrauchszentrum und die Nichtverwendungsmöglichkeit für die Stahlerzeugung und die Eisenbahn sollen die Gründe dafür sein.

In der Nähe liegt das 60,675 ha große Becken von Manosque im Departement Bas-Alpes. Hier wird nur zwischen Manosque und Forcalquier Kohle abgebaut. Sie erreicht die Qualität der Fuveauer Kohle nicht. Vorratszahlen sind nicht bekannt. Die vorhandenen 28 geringmächtigen Flöze weisen eine regelmäßige Lagerung auf. Jährlich werden 100000 t gefördert.

Das rd. 30000 ha umfassende Vorkommen Bagnols sur Cèze-Becken in den Departements Gard und Vaucluse (Südfrankreich) enthält fünf Flöze. Drei davon besitzen Mächtigkeiten von 4—6 m und können mit wirtschaftlichem Erfolg abgebaut werden. Das Muldeninnere ist hier noch unverritzt. Der Vorrat an geringwertiger, der deutschen Braunkohle nahestehenden Kohle wird auf etwa 1 Mrd. t geschätzt.

Im Gard Departement finden sich weitere Braunkohlenablagerungen bei Uzès und Alès. Letztere führt den hochwertigsten „Lignit" Frankreichs.

DRESSEL

**Die Erkundung italienischer Braunkohlen**

In Italien ist gegenwärtig eine Generaluntersuchung der Braunkohlen im Gange. Die geologischen Trupps sind mit einer hochleistungsfähigen Spezialbohrmaschine sowie einem fahrbaren Laboratorium ausgerüstet. Die Bohrproben werden sofort nach ihrer Gewinnung in dem fahrbaren Laboratorium ausgewertet, wo die Altersbestimmung der durchbohrten Schichten durch mikroskopische und paläontologische Untersuchungen erfolgt. Durch diese sofortige Auswertung werden unnötige neue Bohrungen oder unnötiges Tieferbohren vermieden.

Die Untersuchungen sind in Süditalien, wo sie bei Lecce begannen, in vollem Gange und sollen später auf die Gebiete Umbrien und Toskana in Mittelitalien ausgedehnt werden, wo sich größere braunkohlenhöffige Gebiete befinden. In Santa Barbara bei Florenz wird ein Braunkohlenflöz von 20—25 m Mächtigkeit und 80—120 m Deckgebirge seit Anfang 1958 abgebaut. Die Rohkohle wird in einem Kraftwerk von 250000 kW verfeuert. Auch in Mercure bei Maratea im nördlichen Kalabrien sowie bei Pietrafitta in Umbrien haben kürzlich Braunkohlentagebaue die Förderung aufgenommen. Die bisherigen Untersuchungen ergaben, daß sowohl in Süditalien wie vor allem in Mittelitalien zahlreiche braunkohlenhöffige Gebiete auftreten. E.

**Ausdehnung des Sangerhäuser Kupfervorkommens**

Im Gebiet des Südfeldes von Sangerhausen wurden im Jahre 1957 10 Bohrungen niedergebracht, von denen 9 das Kupferschieferflöz mit bauwürdigen Gehalten antrafen. Bei Udersleben (Kreis Artern) wurden besonders gute Erzpartien angetroffen. Damit ergeben sich für die Großschachtanlagen in Sangerhausen und Niederröblingen gute perspektivische Aussichten zur Steigerung der Kupferproduktion.

Vor mehreren Jahren wurde mit dem Bau der Schachtanlage Niederröblingen in der Sangerhäuser Mulde begonnen. Aus rd. 730 m Teufe wurde Anfang Juli d. J. das erste Erz, ein Jahr früher als im Plan vorgesehen war, gefördert. Die Schachtanlage wird 1964 ihre volle Kapazität erreichen.

E.

**Rohstahlerzeugung**

| | 1952 (in Mill. t) | 1957 | Differenz (in %) |
|---|---|---|---|
| Westdeutschland | 15,8 | 24,5 | + 55,0 |
| Saarland | 2,8 | 3,5 | + 22,7 |
| Belgien | 5,2 | 6,3 | + 21,2 |
| Frankreich | 10,9 | 13,4 | + 29,8 |
| Italien | 3,5 | 6,8 | + 91,4 |
| Luxemburg | 3,0 | 3,5 | + 16,4 |
| Holland | 0,7 | 1,2 | + 70,7 |
| Gemeinschaft | 41,9 | 59,8 | + 42,7 |
| Großbritannien | 16,7 | 22,1 | + 32,5 |
| Vereinigte Staaten | 84,5 | 102,5 | + 21,3 |
| Sowjetunion | 34,5 | 51,0 | + 47,9 |
| Welterzeugung | 212,0 | 292,0 | + 37,7 |

**Erweiterung der Bergwerksproduktion auf den Philippinen**

In der Wirtschaft der Philippinen nimmt die einheimische, größtenteils von den USA finanzierte Montanindustrie einen breiten Raum ein.

Auf der Insel Cebu wurde kürzlich ein Werkkomplex in Betrieb genommen, dem eine Kupferhütte, eine Kupferraffinerie sowie eine Schwefelsäure- und Düngemittelfabrik angehören. Verarbeitet werden einheimische Kupfererze, deren Gewinnung derart gesteigert werden soll, daß in nächster Zeit mit dem Bau eines weiteren ähnlichen Werkes in Iligan City begonnen werden kann. Hier sollen insbesondere Erze aus den Elizalde-Minen (Viscaya + Mindanao) verarbeitet werden.

Der Abbau der umfangreichen Nickelerzvorkommen auf Nonoc scheiterte bisher daran, daß die philippinische Regierung den ausländischen Interessenten „zu geringe Gewinnmöglichkeiten" bot. Nach der Erschließung der Nickelerze ist eine Jahresproduktion von ca. 20000 t Nickel geplant.

Die Quecksilberausbeute wurde seit 1955 verfünffacht. Gegenwärtig liegt sie bei rd. 104 metr. t/Jahr. Allerdings ist dieser Produktionszweig in der kapitalistischen Welt stark konjunkturabhängig, und es muß mit einer baldigen Einschränkung der Quecksilbergewinnung gerechnet werden.

Die Erschließung der Magnetitlagerstätten auf Mindanao macht gute Fortschritte. Der Magneteisenstein enthält durchschnittlich 60% Fe. Der Lagerstätteninhalt wird auf rd. 20 Mio t (Metall) geschätzt. Neben eigenen Verhüttungsanlagen auf Mindanao und Luzon tritt Japan als Hauptinteressent an philippinischen Eisenerzen auf.

Die angenommene Fortsetzung der Erdölstrukturen Indonesiens nach den Philippinen konnte trotz umfangreicher Prospektionsarbeiten bisher nicht bestätigt werden; förder würdige Vorkommen wurden bisher nicht erschlossen.

Rr.

**Die indischen Stahlrohstoffe**

In bezug auf Rohstoffe ist Indiens Lage verhältnismäßig günstig. Indien ist reich an Eisenerz mit einem Metallgehalt bis zu 61%. Die Vorkommen in Bihar und Orissa werden von Geologen auf 8000 Mio t geschätzt. Insgesamt werden die indischen Eisenerzvorräte auf 20 Mrd. t veranschlagt. Den indischen Vorrat an Kohle nimmt man mit 35 Mrd. t an; 4,5 Mrd. t sind bereits mit Sicherheit festgestellt und erfaßt.

Nach dem Plan der indischen Regierung werden eine Reihe von kleinen Niederschachtöfen zur Erzeugung von Roheisen gebaut, um örtliche Reserven niedergradigen Eisenerzes verarbeiten zu können. Bei Salem, Coimbatore und anderen Orten sollen solche kleinen Anlagen von Niederschachtöfen gebaut werden.

Die besonders bemerkenswerten Eisenerzvorräte im Staate Andhra werden auf rd. 430 Mio t geschätzt:

Nach einer offiziellen Feststellung hat das hochwertigste Eisenerz im Kurnool-Bezirk in Andhra einen Fe-Gehalt von 50—65%. Die Vorräte werden auf 37 Mio t veranschlagt. Der Vorrat des im Bezirk Hyderabad gefundenen Eisenerzes mit 37—43% Fe-Gehalt wird auf 37 Mio t geschätzt. Die größten Lagerstätten wurden im Guntur-Bezirk mit 296 Mio t und einem Fe-Gehalt von 33—37% festgestellt. Das ärmste Eisenerz der Vorkommen des Staates Andhra mit 25% Fe-Gehalt findet sich mit 93 Mio t im Nellore-Bezirk. Inzwischen ist ein neues Gebiet mit umfangreichen Eisenerzvorkommen im Chanda-Revier entdeckt worden.

Indien ist der zweitgrößte Manganerzproduzent der Welt. Der zweite Fünfjahrplan hat für 1961 ein Ziel von 160000 t pro Jahr gesetzt. Dies würde für den inländischen Verbrauch durch die bestehenden und die neuen Stahlwerke 60000 t bereitstellen und 100000 t für den Export belassen.

Im Joda-Werk in Orissa werden vorwiegend Ferromangan Ferrochrom und Ferrosilizium hergestellt. Mit dem Bau des Werkes war im November 1956 begonnen worden, und der erste Ofen war im Dezember 1957 betriebsbereit. Es wird den indischen Bedarf voll decken und noch einen großen Überschuß für die Ausfuhr bereitstellen. E.

**Bauxit — Hawai**

Das Parlament von Hawai hat dem amerikanischen Kongreß einen Gesetzesvorschlag unterbreitet, nach dem die erheblichen Bauxitvorkommen des Landes erschlossen werden sollen. Man schätzt, daß die Bauxitlager von Hawai 600 Millionen Tonnen überschreiten und somit die bisher bekannten Vorräte der USA um ein Zehnfaches übertreffen. Die USA-Förderung von Bauxit betrug 1955 mehr als 1,8 Millionen Tonnen und war somit zu etwa 11% an der Weltförderung beteiligt.

**Argentinien fördert Gold und Mangan in Farallon Negro**

Die argentinische Regierung beabsichtigt, den Gold- und Manganbergbau in Farallon Negro in ihre Hand zu nehmen. Die Gold- und Manganförderung soll auf einen Wert von 1,2 Mio Peso pro Tag gesteigert werden. Rr.

**Lagerstättenschutz auch für Grundwasser**

In Nummer 46 der „Zeitung für kommunale Wirtschaft" (München, März 1958) äußert sich der Direktor der Kreiswerke Bergheim/Erft, Dipl.-Ing. W. HEINRICH, zu einem sehr wichtigen Problem: Zur Gefährdung der Grundwasserfelder durch den Braunkohlentagebau.

Das etwa 2000 km² umfassende Erftgebiet westlich von Köln ist die größte Braunkohlenlagerstätte der Bundesrepublik (rd. 80% der Gesamtbraunkohlenvorräte Westdeutschlands). Die Kohle liegt etwa in 250 m Teufe unter lockeren Deckschichten und wird im Tagebau gewonnen. In den Hangendschichten sind 3 Grundwasserstockwerke ausgebildet, die wahrscheinlich mit den Grundwässern außerhalb des Erftbeckens in hydraulischem Zusammenhang stehen. Der 1955 in diesem Gebiet begonnenen Vorentwässerung fielen bisher etwa 10% des Standwassers zum Opfer, wobei zu befürchten ist, daß der Absenkungstrichter des liegendsten Grundwasserleiters bereits auf Bereiche westlich des Beckens übergegriffen hat. Insgesamt werden durch die Entwässerung mehr als 5 Mrd m³ Wasser — die öffentlichen Wasserwerke der Bundesrepublik fördern jährlich insgesamt etwa 3 Mrd m³ — beseitigt. Dieser gewaltige Eingriff in den natürlichen Wasserhaushalt bringt folgende Gefahren mit sich:

Entzug des Trink- und Brauchwassers sowohl im Erftgebiet als auch in der weiteren Umgebung;

Auftreten von Bergschäden im unverritzten Feld infolge des tektonischen Baus des Beckens;

Verseuchung der Grundwässer durch aufsteigende Tiefenwässer und Salzwässer des Rheintales;

Versandung der bisher angelegten Tiefbrunnen.

Die eingeleiteten Schutzmaßnahmen (Ersatzwasserbeschaffung) dürften nicht ausreichen, um die Versorgung von Bevölkerung, Landwirtschaft und Industrie nach der ersten Absenkungsperiode sicherzustellen. Die eminente Bedeutung der Wasserversorgung macht eine weitsichtige Planung erforderlich. Zu dem Zweck wurde ein Gesetzentwurf ausgearbeitet, der die Bildung eines „Großen Erftverbandes" vorsieht, in dem alle Beteiligten „gleichberechtigt mitwirken können". REUSSNER